U0314880

直接乙醇燃料电池和葡萄糖氧化所需阳极催化剂的研究

孙芳 著

北 京

冶金工业出版社

2019

内 容 提 要

本书介绍了采用化学沉积法制备 Pt/C、Pt－WO₃/C 和 Pt－ZrO₂/C 纳米材料，以及采用化学浴沉积方法在 ITO 基底上合成具有多孔结构的 CuO 薄膜，并探索自制的材料作为电极对直接甲醇燃料电池的替代燃料乙醇和葡萄糖的电催化氧化性能的应用。全书共分 4 章，第 1 章为绪论；第 2 章为实验部分，介绍了材料的制备过程、采用的实验装置及电化学测试方法；第 3 章为直接乙醇燃料电池阳极催化剂的研究，主要考察了自制的 Pt/C、Pt－WO₃/C 和 Pt－ZrO₂/C 纳米材料作为阳极催化剂对乙醇的电催化性能的研究；第 4 章为基于氧化铜薄膜的葡萄糖电催化氧化的研究。

本书可供从事燃料电池阳极催化剂的开发及性能研究的技术人员阅读，也可作为高等院校材料、物理、化学等相关专业本科和研究生的学习参考书。

图书在版编目（CIP）数据

直接乙醇燃料电池和葡萄糖氧化所需阳极催化剂的研究/孙芳著 . —北京：冶金工业出版社，2019.7

ISBN 978-7-5024-8131-5

Ⅰ.①直…　Ⅱ.①孙…　Ⅲ.①乙醇—燃料电池—研究

Ⅳ.①TM911.4

中国版本图书馆 CIP 数据核字（2019）第 106315 号

出　版　人　谭学余
地　　　址　北京市东城区嵩祝院北巷 39 号　邮编　100009　电话　(010)64027926
网　　　址　www.cnmip.com.cn　电子信箱　yjcbs@ cnmip.com.cn
责任编辑　夏小雪　美术编辑　吕欣童　版式设计　禹　蕊
责任校对　郭惠兰　责任印制　李玉山
ISBN 978-7-5024-8131-5
冶金工业出版社出版发行；各地新华书店经销；三河市双峰印刷装订有限公司印刷
2019 年 7 月第 1 版，2019 年 7 月第 1 次印刷
169mm×239mm；7.25 印张；116 千字；104 页
37.00 元
冶金工业出版社　投稿电话　(010)64027932　投稿信箱　tougao@cnmip.com.cn
冶金工业出版社营销中心　电话　(010)64044283　传真　(010)64027893
冶金工业出版社天猫旗舰店　yjgycbs.tmall.com
（本书如有印装质量问题，本社营销中心负责退换）

前　言

　　燃料是人类社会生存的基础，现全球已产生环境污染、气候异常和能源短缺三大问题。因此，提高能源的利用率已成为当今社会急需解决的重大问题之一。燃料电池是一种不经过燃烧直接以电化学方式将化学能转变为电能的高效发电装置。它不经过热机过程，因此不受卡诺循环的限制，能量转换效率高，环境污染小，被认为是21世纪首选的清洁、高效的发电技术。正是由于这些突出的优越性，燃料电池的开发和研究受到人们的广泛关注，其中直接甲醇燃料电池作为小型可移动电源的发展非常快，现在实验室的样机已经研制成功。但甲醇的透过问题是一个很难解决的问题，并且甲醇有很高的毒性，一旦泄漏，会刺激人的视觉神经，过量导致失明等，因此要想实现醇类燃料电池在诸如手机、笔记本电脑以及电动车等可移动的电源领域的运用，有必要探索其他燃料来代替高毒性的甲醇。其中，乙醇和葡萄糖是比较理想的替代燃料。另外，制约燃料电池发展的另一个重要因素就是催化剂的电催化氧化活性较低，因此必须大力开展燃料电池阳极氧化催化剂的研究，寻找具有高催化活性的催化剂及载体。

　　在本书中，我们较详细地研究了乙醇在光滑 Pt 电极上不同扫速、不同浓度和不同温度条件下的电氧化性质，并采用化学沉积法制备了阳极碳载 Pt/C、Pt－WO$_3$/C 和 Pt－ZrO$_2$/C 催化剂，循环伏安法（CV）和线性扫描法（LSV）对比研究了 Pt－WO$_3$/C、Pt－ZrO$_2$/C 和 Pt/C 催化剂的性能。CV 研究表明 Pt－WO$_3$/C 是一种比 Pt－ZrO$_2$/C 和 Pt/C 催化剂更好的乙醇直接氧化燃料电池的阳极催化剂。LSV 研究结果表明 Pt - WO₃/C 是一种比 Pt - ZrO₂/C 和 Pt/C 有更好的抗 CO 中毒的能力。其原因一方面是 WO₃ 的加入能够提高 Pt 的分散度，增加 Pt 的活性表面，从而提高了催化剂的催化活性；另一方面的原因可能是 Pt - WO₃/C 中的 WO₃ 的加入能够增加电极表面的含氧物种，有利于乙醇和 CO 的氧化。此外，我们采用一种新的电极表面活化处理的方法，使乙醇和 CO 在 Pt/C、Pt - ZrO₂/C 和 Pt - WO₃/C 电极上的电催化氧化活性大幅度提高。研究发现无论在中性溶液中还是在酸性溶液中，乙醇在表面活化处理后的 Pt/C、Pt - ZrO₂/C 和 Pt - WO₃/C 电极上起始氧化电位负移，氧化峰电流密度显著增加。酸性介质中乙醇在表面活化处理后的 Pt/C 电极上的氧化峰电流密度增加到活化处理前的 2.3 倍；中性介质中增加到表面处理前的 3.1 倍。电极表面经过活化处理后能够大幅度地提高对乙醇和 CO 的电催化氧化活性，其主要原因是表面活化处理后，一方面增加了催化剂 Pt 的活性表面，另一方面也促进了吸附的 CO 的电氧化，减少了 CO 对电极表面的毒化作用。在本书中，我们通过一种简便的化学浴沉积方法制备出中空方形纳米笼结构 CuO 薄膜修饰的 ITO 电极，首先采用电沉积方法在 ITO 基底上制备具有方形结构的 Cu₂O 薄膜，其次将制备好的 Cu₂O 薄膜进行 450℃ 热处理 2 h，即可得到中空方形纳米笼结构 CuO 薄膜修饰的 ITO 电极。并且，考察了该电极对葡萄糖的电催化性能，实验结果表明该电极对葡萄糖具有较好的电催化性能，可应用于无酶葡萄糖传感器，响应时间快（少于 3s），较低的工作电压（+0.50 V），并且具有高的灵敏度 [2117.44μA/(mM·cm²)]、良好的线性范围（2.0×10^{-6} ~ 1.0×10^{-3} mol/L）和优良的选择性。

本书采用化学沉积法制备了多种碳载纳米材料，如 Pt/C、Pt - WO₃/C 和 Pt - ZrO₂/C；以及采用化学浴沉积方法在 ITO 基底上合成具有多孔结构的 CuO 薄膜，研究自制的材料作为电极对乙醇和葡萄糖的电催化氧化性能，为纳米粒子材料和薄膜材料的合成及探索其在多种领域的应用具有一定的指导意义。

　　本书由牡丹江师范学院物理与电子工程学院的孙芳老师撰写。本书在编写过程中，参阅了大量国内外相关著作、硕博士论文和期刊文献，在此谨对撰写这些文献的同志表示衷心的感谢！感谢黑龙江省教育科学规划 2016 年度省教育厅规划课题（GJC1316121）、黑龙江省自然科学基金联合引导项目（LH2019A024）和教育厅备案项目（1352MSYYB007）的资助。

　　限于本书作者学识有限，疏漏和不当之处在所难免，敬请广大读者批评指正。

著　者

2019 年 4 月

目　录

1 绪 论

〰〰〰〰〰〰〰〰〰〰〰〰〰〰〰〰〰〰〰〰〰〰〰〰

　　燃料是人类社会生存的基础，人类经历了植物燃料阶段之后，现处于化石燃料阶段。随着化石燃料耗量的日益增加和储量的日益减少，全球已产生环境污染、气候异常和能源短缺三大问题[1]。因此，减少环境污染，提高能源的利用率已成为当今社会急需解决的重大问题之一。燃料电池就是这样一种高效绿色的能源技术。

　　燃料电池是一种不经过燃烧直接以电化学方式将化学能转变为电能的高效发电装置。它不经过热机过程，因此不受卡诺循环的限制，能量转换效率高，环境污染小，被认为是 21 世纪首选的清洁、高效的发电技术。正是由于这些突出的优越性，燃料电池的开发和研究受到人们的广泛关注，特别是近几年来，随着人类对环境保护的日益关注，燃料电池在发电和汽车领域的应用已取得了重大的进展。

1.1　燃料电池概述

1.1.1　燃料电池的发展历史

　　燃料电池已经有很长的发展历史了。1839 年，威廉·格罗夫（William Grove）制造了世界上第一个燃料电池模型[2]。1889 年，蒙德（Mond）和莱格（Langer）[3]重复了 Grove 的实验，引入了燃料电池这一名称，并且首先发现铂电极容易被燃料气中存在的 CO 毒化。在以后的一段时间里，由于机械能转变为电能的发电机的迅速发展，同时也由于人们对电极反应动力学方面仍然知之甚少，再加上其他诸如经济、材料上的因素，使得燃料电池的研究比较缓慢。直到 20 世纪 50 年代宇航事业的兴起，燃料电池才有了实质性的进展，英国剑桥大学的 Bacon 用高压氢氧制成了具有实用功率水平的燃料电池。60 年代中期，这种电池成功地应用于阿波罗（Apollo）登月飞船[4]，到了 60 年代末，在燃料电池转入地面应用的尝试中，原就存在的价格高、寿命短的问题突现出来了，阻碍了它的发展。70 年代初，国际性的"能源危机"的出现，使燃料电池的地面发电问题又重新引起了人们的关注。80 年代，由于能源危机和环境污染的问题日益严重，人们对高效和清洁的能源更为重视。因此，美国、前苏联、加拿大、日本等国都投入大量的人力和物力进行研究和开发地面用的燃料电池[5]。从 80 年代开始，各种小功率燃料电池在宇航、军事、交通等各个领域中得到应用。燃料电池发展至今已有160 多年的历史，但离大量的地面应用仍有较大距离，成本问题和寿命问题仍是要解决的主要问题。

1.1.2 燃料电池的特点

燃料电池是一种不经过燃烧就直接以电化学方式将燃料的化学能转变为电能的高效发电装置，因此，被称之为继火力、水力和核能发电之后的第四代发电技术。燃料电池与其他能源相比拥有以下特点[5~7]：

（1）高的能量转化率：燃料电池由于直接将化学能转变为电能，中间不经过热机过程，不受卡诺循环限制，因此比其他能量转换方式高得多。

（2）环境污染小：燃料电池最突出的优点之一就是环境污染小，几乎没有 NO_x 和 SO_x 排放，CO_2 的排放也比常规火电厂减少40%以上。

（3）噪声污染小：由于燃料电池系统中几乎没有移动的部件，因此噪声小。

（4）比能量高、操作简便：同样重量的液氢电池含有的电化学能量是镍镉电池的 800 倍，同样体积的甲醇电池是锂电池的 10 倍以上。燃料电池的结构简单、辅助设备少，操作简便。

（5）发电效率不随负荷大小而变化：当燃料电池低负荷运行时，效率还略有升高，效率基本上与负荷无关。而现在的水力和火力发电装置在低负荷下，发电效率很低，因而要使用各种方法在低负荷时储存能量。

（6）适应能力强：可在较宽的温度范围内工作，中温和高温燃料电池的废热还可以回收利用，从而提高了能源的综合利用率。

（7）适宜于分散式的发电装置：燃料电池具有积木化的特点，可根据输出功率的要求，选择电池单体的数量和组合方式，既可大功率集中供电，也可小功率分散或移动供电，灵活性大。

（8）安全可靠：燃料电池是由单个电池串联而成，维修时只修基本单元，安全可靠。

1.1.3 燃料电池的分类

燃料电池的品种较多，其分类也各异[5,8]。可根据工作温度、功率大小、燃料种类和电解质类型等来进行燃料电池的分类。

（1）按工作温度可分为三类：一是低温燃料电池（60～120℃），二是中温燃料电池（160～220℃），三是高温燃料电池（600～1000℃）。

（2）按输出功率大小可分为：超小功率（＜1kW）、小功率（1～10kW）、中功率（10～150kW）和大功率（＞150kW）。低功率电源主要用于各种便携式电源，中功率可用于机械、电气设备或家庭的小型发电机组。大功率电池则可以作为独立电站、大型舰艇的电源。

（3）按燃料的来源可分为三类：一是直接式燃料电池，即其燃料直接用氢；二是间接式燃料电池，其燃料是把某种化合物转变成氢（或含氢的混合气体）后再供给燃料电池来发电；三是再生式燃料电池，即反应生成的水再经某种方法分解成氢和氧，再重新通入燃料电池堆中发电。

（4）现在已逐渐被国内外燃料电池研究者所广为采纳的分类方法是依据燃料电池中所用的电解质类型来进行分类，即分为以下五类燃料电池：PAFC、AFC、MCFC、SOFC 和 PEMFC。

1）磷酸型燃料电池（PAFC）：以浓磷酸为电解质，氢为燃料，工作温度在 200～220℃，主要用于建造小型电站，已有商品出售，但由于价格高，推广面不大。

2）碱性燃料电池（AFC）：以碱溶液（通常是 KOH）作电解质，氢气作燃料，工作温度在 80～100℃。优点是比功率高，主要用作太空能源。

3）熔融碳酸盐燃料电池（MCFC）：采用碱金属碳酸盐（如 Li_2CO_3、K_2CO_3、Na_2CO_3 及 $CaCO_3$ 等）组成的低共融物质作电解质。以氢气或煤气作燃料，工作温度在 600 ~ 700℃。由于在较高的温度下工作，因此不必使用贵金属催化剂，不存在催化剂毒化问题，燃料利用率高，主要用于建造大功率电站，试验型的 MCFC 发电站已运行 20000h，如能运行 40000h 以上，就能进入商品化阶段。

4）固体氧化物燃料电池（SOFC）：通常以 $ZrO_2 - Y_2O_3$ 等为电解质，氢气、煤气或天然气作燃料，工作温度在 900 ~ 1000℃。与 MCFC 优点相似，工作温度高，不必使用贵金属催化剂，不存在催化剂毒化问题，燃料利用率高，主要用于建造大功率电站。SOFC 发展较晚，制备工艺复杂，现在已有几十千瓦的样机。

5）固体聚合物燃料电池（SPFC），又称质子交换膜燃料电池（PEM-FC）：其优点是能量密度高、无腐蚀性、电池堆设计简单、系统坚固耐用、工作温度较低，在 25 ~ 120℃。目前 PEMFC 是研究热点，它作为电动汽车动力电源的研究已经取得突破性进展。

1.1.4 燃料电池（Fuel）与电池（Battery）的区别

燃料电池是一种电化学装置，其组成与一般电池相同，其单体电池是由正负两个电极（负极即燃料电极和正极即氧化剂电极）以及电解质组成。不同的是一般电池的活性物质贮存在电池内部，因此，限制了电池容量。而燃料电池的正、负极本身不包含活性物质，只是个催化转换元件。因此，燃料电池是能量转换装置，而一般电池是能量储存装置。

在原电池（也称一次电池）中，化学能被储存在电池物质中，当电池发电时，电池物质发生化学反应，直到反应物质全部反应消耗完毕，电池就不再发电了。因此，原电池所能发出的最大电能等于参与电化学反应的化学物质完全反应时所产生的电能。还有一种充电电池——蓄电池（也称二次电池），它是利用外部供给的电能，使电池反应向逆方向进行，再生成电化学反应物质。从能量角度看，就是将外部能量充给电池，使其再发电，实现反复使用的功能。

燃料电池可以被看成是一种连续供给燃料的蓄电池。它把燃料中的化学能直接转换成电能而不受卡诺循环的限制。但燃料电池又与普通的蓄电池不同，后者仅把电能以化学能的形式贮存在电极材料之中，它的容量由电极的大小与重量决定，而燃料电池的燃料贮存在电池外的"燃料箱"中，当需要时把燃料供给电极，并在电极上发生电化学反应，同时输出电能。由于燃料电池在运转过程中，其电极不会发生明显的变化，所以燃料电池的容量仅由燃料箱的大小决定。从理论上讲，只要不断地向燃料电池供给燃料（阳极反应物质，如 H_2）及氧化剂（阴极反应物质，如 O_2），就可以连续不断地发电，但实际上，由于元件老化和故障等方面的原因，燃料电池有一定的寿命。

严格地讲，燃料电池是电化学能量发生器，是以化学反应发电；原电池是电化学能量生产装置，可一次性将化学能转变成电能；充电电池是电化学能量的储存装置，可实现化学反应能与电能的可逆转换。

1.1.5 燃料电池的结构和工作原理

燃料电池主要由阴极、阳极、电解质以及通气管道组成。电极材料为聚四氟乙烯并在其表面涂有 $200 \sim 300\,\mu m$ 厚的碳，其上有孔，允许燃料和氧化剂气体通过小孔进行扩散和水通过。碳层用于收集电子，并为其通过提供通路。在电极和膜之间有一个很薄的催化层，由非常精细的铂粒和碳粒组成。电解质的作用是将燃料和氧化剂分开，允许离子通过，不允许电子通过。电极是提供电子转移的场所，导电离子在将正负极分开的电解质内迁移，电子通过外电路做功并构成电回路。

燃料电池工作时，燃料和氧化剂分别被输送到电极两极，燃料在阳极氧化失去电子，电子通过外电路流到阴极，使阴极的氧化剂还原，同时，阳极余下的正原子（氢离子）通过电解质被送到阴极，与阴极的氧负离子结合生成水。其工作流程如图 1-1 所示。

不论何种电解质，总是负极（燃料电极）放出电子，正极（氧电极）接受电子，当外电路接通时，即有电流通过。对于酸性电解液，氢离子从负极向正极移动，而在碱性电解液中，是氢氧根离子从正极向负极移动。氧化还原反应分别在两电极上进行，其反应速度与燃料和氧化剂的种类、催化剂的种类以及反应温度等因素有关。电解质本身不消耗，只是用来输送离子，但

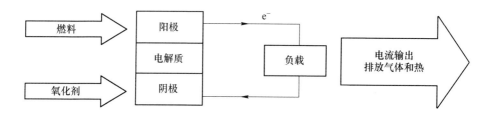

图 1-1　燃料电池工作流程图

在有电流通过时，其对电池的内阻有一定的影响。无论采用酸性电解质还是碱性电解质，氢氧燃料电池的总反应均相同，表示为：$1/2O_2 + H_2 \rightarrow H_2O$。

1.2　质子交换膜燃料电池（PEMFC）

1.2.1　PEMFC 的研究现状

　　PEMFC 是最早用于空间飞行试验的燃料电池。1962 年，Gemini 宇宙飞船首次利用 PEMFC 作为空间电源，但当时的 PEMFC 的使用寿命仍然很低，仅仅 7 天，主要原因是当时所用的聚苯乙烯磺酸型质子交换膜电解质的抗氧化能力不够。60 年代中期，美国杜邦公司研制出性能优良的全氟磺酸膜（Nafion 膜）。1967 年，Biosatellite 宇宙飞船使用改进后的 PEMFC 作为电源在太空逗留了 3 个月，但在以后的竞争中 PEMFC 最终未能中标，从而使得 PEMFC 的研究长期处于低谷。80 年代初，由于石油资源短缺、大气环境恶化等因素，使得城市交通的压力增大，在这种情况下，一些研究者开始研究地面用的 PEMFC，并使 PEMFC 的性能有了很大提高。在 20 世纪 90 年代，Barllad 公司研制成了以 PEMFC 为动力源的电动汽车，实现了真正意义上的零排放的环保型汽车，并试销售了几辆 PEMFC 公共汽车。在此情况下，许多汽车公司都相继进入了 PEMFC 汽车的研制行列，从而使 PEMFC 开始进入了商品化的阶段[9]。

　　膜电极是 PEMFC 的电化学心脏。早期的膜电极是直接将铂黑与起防水、黏结作用的 Tefion 微粒混合后热压到质子交换膜上制得的，Pt 载量高达 $10mg/cm^2$。后来，为增加 Pt 的利用率，使用了 Pt/C 催化剂，但 Pt 的利用率仍非常低，直到 80 年代中期，PEMFC 膜电极的 Pt 载量高达 $4mg/cm^2$。80 年代中后期，美国 Los Alamos 国家实验室（LANL）提出了一种新方法，采用 Nafion 质子交换聚合物溶液浸渍 Pt/C 多孔气体扩散电极，再热压到质子交换膜上形成膜电极，此法大大提高了 Pt 的利用率，将膜电极的 Pt 载量降到了 $0.4 \mathrm{mg/cm^2}$。1992 年，LANL 对该法进行了改进，使膜电极的 Pt 载量进一步降低到 $0.13 \mathrm{mg/cm^2}$。1995 年，印度电化学能量研究中心（CEER）采用喷涂浸渍法制得了 Pt 载量为 $0.1 \mathrm{mg/cm^2}$ 的膜电极，性能良好。据报道，现在 LANL 试验的一些单电池中，膜电极上 Pt 载量已降到 $0.05 \mathrm{mg/cm^2}$。膜电极上 Pt 载量的减少，直接可以使燃料电池的成本降低，这就为其商品化的实现准备了条件[9]。

1.2.2　PEMFC 的主要结构

如图 1-2 所示，PEMFC 本体结构包括膜电极单元和冷却单元。膜电极单元包括质子交换膜、催化电极及覆盖在电极表面的碳纸片（或碳布），碳纸起着支撑电极及传导电子的作用，膜电极单元总厚度小于 1mm，冷却单元经

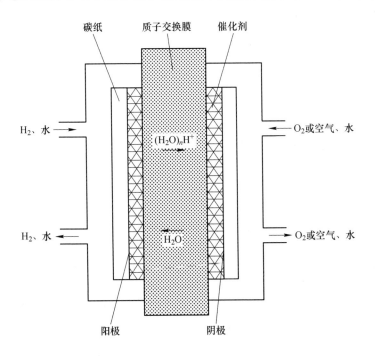

图 1-2　PEMFC 的基本结构及工作原理示意图

冷却板极向膜电极单元供应电池所需物料，并移走电池反应的产物，达到脱水、除热的目的，同时它还起到电池密封和保护的作用[7]。

1.2.3 PEMFC 的优缺点

PEMFC 的优点有：

（1）体积和比功率高。

（2）电解质一般为含少量水的固体离子交换膜，避免了像 PAFC 那样的腐蚀性。

（3）实现零排放，其唯一的排放物是水，没有污染，是环保型能源。

（4）操作温度低，在室温下就能启动。

（5）应用范围广，既可作移动电源，也可作发电站。

（6）结构简单，制造方便[10]。

PEMFC 的缺点有：

（1）目前的生产成本比较高，每千瓦 1000 美元左右，而内燃机只需要 50 美元。

（2）废热品位低，不易利用。

（3）目前一般采用纯氢作燃料[11]，有一定的不安全性，如采用有机物转化产生的含氢燃料时，必须将 CO 除去，因为 CO 会使 Pt 催化剂中毒[12]。

（4）目前的电催化剂尚需较多贵金属[13]。

1.3 直接甲醇燃料电池（DMFC）的发展

1.3.1 DMFC 的研制原因

20 世纪 80 年代初，全氟磺酸膜在氢氧燃料电池中的应用，使得 PEMFC 在性能上获得很大突破[10]。但目前的质子交换膜燃料电池都用氢作燃料，而氢在储存、运输和使用时有不安全性的问题，还有如何解决氢源等问题一直困扰 PEMFC 的进一步发展。另外，原来的加油站改变成加气站要花巨额投资，因此汽车界提出最好研制用液体燃料的燃料电池。所以，人们开始提出用甲醇作质子交换膜燃料电池的燃料[14]。其主要原因是：（1）甲醇来源丰富，价格低廉，在常温常压下是液体，易于携带储存；（2）在甲醇分子中不存在 C—C 键束缚，电化学活性高；（3）能保持较高的能量转换效率。

甲醇重整制氢是近年来人们找到的一种有效方法，该方法是在 PEMFC 外配置一套小型的液体燃料裂解制氢装置，用其制得的氢气作为 PEMFC 的燃料。甲醇作为一种化工原料，具有含氢量高、来源丰富、价格便宜、容易储存和携带等特点，很大程度上解决了 PEMFC 的氢源问题。但中间转化装置结构复杂，燃料高温裂解困难，并且裂解过程中会产生许多 CO，CO 能导致燃料电池阳极催化剂中毒，所以在裂解气进入电池之前还必须提纯，增加了裂解过程的复杂性，从而导致系统整体效率降低。另一种方法是采用储氢材料作为氢源，但目前已知的储氢材料储氢容量较低，体积比功率往往达不到实际使用要求。还有一种方法是直接用有机小分子（如甲醇）作 PEMFC 的燃料，氧或空气为氧化剂的一种燃料电池，这种燃料电池被称为直接甲醇 PEMFC，即 DMFC。虽然甲醇电化学活性与氢氧燃料电池比起来相对较低，但 DMFC 能够在常压和较低温度下工作，系统具有结构简单、燃料补充方便、体积比和质量比能量密度高、红外信号弱等特点，并且甲醇和其他醇相比，分子最小，在阳极最容易氧化，资源丰富，价格便宜，在常温下是液体，运输方便，安全可靠，成为目前最理想的直接氧化的液体燃料，具有开发研究价值和应用前途。如在手机、笔记本电脑、摄像机、汽车等民用电源和军事上的单兵携带电源等方面具有极大的竞争优势。进入 90 年代以后，美国、欧共体、加拿大和日本等国和地区相继开展了对直接甲醇燃料电池基础性的研究和应用方面的探索。但是，从性能和成本上看，DMFC 还存在着一些问题，距商业化还有一段距离[15]。

1.3.2 DMFC 的结构和工作原理

DMFC 的电池结构与典型的 PEMFC 的电池结构相同，其核心部分是膜电极组件（Membrane Electrode Assemble，MEA），MEA 是经过改进的新型电极结构，采用全氟磺酸离子交换膜、电解质、电极三合一组件，图 1-3 所示是 DMFC 燃料电池示意图。图中 C 为碳纸或碳布，起着支撑电极及传导电子的作用；SPE（Solid Polymer Electrolyte）为固体聚合物电解质，目前多采用全氟磺酸离子交换树脂，起着传导质子的作用。阳极和阴极是通过把电催化剂分散在全氟磺酸离子交换树脂（Nafion）和聚四氟乙烯乳液（PTFE）中制得的。

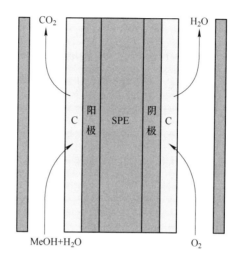

图 1-3 DMFC 燃料电池示意图

DMFC 电极反应式：

阳极反应：

$$CH_3OH + H_2O \longrightarrow CO_2 + 6H^+ + 6e^- \qquad E = 0.046V \qquad (1-1)$$

阴极反应：

$$3/2O_2 + 6H^+ + 6e^- \longrightarrow 3H_2O \qquad E = 1.23V \qquad (1-2)$$

总反应：

$$CH_3OH + 3/2O_2 + H_2O \longrightarrow CO_2 + 3H_2O \qquad E = 1.18V \qquad (1-3)$$

在 DMFC 中，甲醇和水在阳极上发生电化学反应，生成二氧化碳、质子和电子，必须使用酸性电解质帮助二氧化碳排出，因为在碱性电解质中二氧化碳会形成不溶性的碳酸盐；阳极反应产生的质子通过聚合物电解质迁移到阴极并在阴极上与氧气（一般用空气）发生反应产生水；阳极产生的电子携带着化学反应的自由能在外电路循环，并且做有用功。

1.3.3 DMFC 目前存在的问题及解决方法

（1）质子交换膜渗透甲醇的问题。目前，DMFC 研究中尚未解决的一个主要问题是甲醇从阳极到阴极的渗透问题，这在典型全氟磺酸膜中尤为严重。这一现象是由于甲醇的扩散和电渗析力引起的[16]。甲醇向阴极的渗透不仅造成燃料的损失，而且在氧阴极上产生混合电位，使电池性能降低。如何解决甲醇的渗透量过大是 DMFC 研究中的一个十分重要的课题。

目前对甲醇的渗透主要从以下几方面进行解决：

1）降低甲醇在现有质子膜中的扩散系数，使其不能到达阴极。例如，采用薄的钯金属片和 Nafion 膜压合在一起[17]。氢离子在钯金属表面和电子结合成氢原子，氢原子在钯金属内部扩散到膜的另一侧又重新解离成氢离子和电子，而电子在钯金属中能自由运动。甲醇在钯膜中的渗透系数几乎为零，所以这种复合膜可有效地降低甲醇的渗透。还有 Vincenzo Trcoli 发现部分交换钯离子的 Nafion 膜[18]能把甲醇的渗透率降低到原来的几十分之一。

2）在原有材料的基础上，改变电极结构使到达膜附近的甲醇浓度尽量小，从而减少甲醇渗透量，许多专利都报道了各自的方法。例如，Salinas 等人[19]报道的方法是在质子交换膜的内部开一些小孔，将从阳极扩散来的甲醇用气体吹扫出去或用电化学的方法氧化掉，从而减少到达阴极的甲醇量。

3）研制新型膜。Wainright[20]等人首先介绍了 PBI 浸磷酸膜可用作燃料电池电解质膜，在 200℃ 时它仍表现出极好的热稳定性、耐氧化性和机械强度。随后他们又报道了 PBI 浸磷酸膜用于直接甲醇燃料电池[21]，并发现在膜中水的电迁移数为零，而同样条件下 Nafion 膜的电迁移数为 0.6～2.0。因此，氢离子在 PBI 浸磷酸膜中传导机理与在 Nafion 膜中不同，氢离子的传导不需要水的存在，结果使甲醇的渗透量大大下降。最近，有人报道浸有各类酸的无机纳米材料膜也可用作直接甲醇燃料电池的电解质膜[22]，氢离子在其中的传导也不需要水，与 PBI 浸磷酸膜类似。另外，在全氟树脂中掺杂 SiO_2 的共混膜[23]、使用通过 PVDF 增强的复合膜也被一些研究小组采用。虽然这种膜并不能从根本上解决甲醇渗透，但掺杂物的存在可以提高电池的工作温度到 100℃ 以上。在这样的温度下，甲醇的电化学活性较高，渗透的甲醇比例也就下降了。

（2）电极催化剂的问题。制约直接甲醇燃料电池发展的另一个重要因素就是常温下甲醇的电催化氧化活性太低。目前，有关甲醇在酸性介质中的氧化机理的研究受到了广泛的注意。使用电化学脉冲方法研究甲醇在光滑的铂表面的氧化机理表明，处于假稳态时氧化电流比初态下降了 5 个数量级[24]，电流的大幅度下降是由于铂的活性位被甲醇的脱氢物种所占据。普遍认为是甲醇氧化的中间产物 CO_{ad} 强吸附在电极的表面，它的脱附相当困难。只有在达到一定的电位下才能被吸附的含氧物种彻底氧化。加入二元组分例如 Ru 的作用就是降低含氧物种吸附的电位，促进铂活性位上的甲醇脱氢物种的脱除。这就是所谓的协同作用（Bifunctional Mechanism）[25]。因此，开发新的甲醇电催化氧化催化剂的关键在于两点：一是它能降低 CO_{ad} 的吸附但不降低活性；二是能在低电位时就吸附含氧物种。尽管到现在为止，甲醇阳极催化剂还是沿用了几十年的 PtRu/C，但越来越多的研究人员正在从事二元和三元合金[26]的催化剂的研究。

（3）电极三合一的问题。现在一般认为甲醇在阳极氧化时生成的二氧化碳气体易使膜电极三合一（MEA）分层，使电极和膜的接触电阻增大。尤其是在长期运行时，电极是否剥离也将决定电池运转的寿命。

由上可知，DMFC 存在的主要问题为甲醇阳极氧化催化剂的性能较低，易使铂中毒；甲醇透过电解质膜到阴极侧，使阴极催化剂中毒。因此，必须大力开展甲醇阳极氧化催化剂的研究，寻找具有高催化活性的催化剂及载体；解决质子交换膜的透醇问题，研制高阻醇的质子交换膜。直接甲醇燃料电池作为小型可移动电源的发展非常快，现在实验室的样机已经研制成功。但要大规模商业化还有待膜、电催化剂与电池组结构等方面的技术突破[27]。

1.4　直接乙醇燃料电池（DEFC）的发展

1.4.1　开发直接乙醇燃料电池的必要性

由于甲醇的透过问题是一个很难解决的问题，并且甲醇有很高的毒性，一旦泄漏，会刺激人的视觉神经，过量导致失明等，因此要想实现醇类燃料电池在诸如手机、笔记本电脑以及电动车等可移动的电源领域的运用，有必要探索其他醇类来代替高毒性的甲醇。其中，乙醇是一种比较理想的替代燃料，人们把直接以乙醇为燃料的燃料电池称为直接乙醇燃料电池（DEFC）。

在烷基单羟基醇中，乙醇是最有希望代替甲醇的燃料[28~33]，因为从结构上看，它比甲醇分子大，可以预见到乙醇在膜间的透过作用会比甲醇小得多，它又是链醇中最简单的有机小分子，还能够通过农作物发酵大量生产，也可通过乙烯水化制得，具有来源丰富、无毒、含氢量高等优点，是一种完全可再生、环保型能源。因此，关于乙醇作为直接氧化燃料电池燃料的电化学催化氧化有很多报道[34~41]。如能开发直接乙醇燃料电池，其部分基础设施仍可继续使用，对解决能源短缺和环境保护具有重要的意义。

1.4.2　三种 PEMFC 燃料电池的比较

氢氧 PEMFC、DMFC 和 DEFC 分别采用纯氢、甲醇和乙醇为燃料，具有不同特点，见表 1-1。

表 1-1　三种 PEMFC 燃料电池的比较

燃料电池类型	氢氧 PEMFC	DMFC	DEFC
燃料	纯氢	甲醇	乙醇
燃料来源	重整制氢，电解水	CO 加 H_2 合成甲醇	农作物发酵，生物质制得，乙烯水化
燃料的存储	难	容易	容易
安全性	不安全	有较高毒性	较安全
阳极完全氧化反应	$H_2 \rightarrow 2H^+ + 2e^-$	$CH_3OH + H_2O \rightarrow CO_2 + 6H^+ + 6e^-$	$C_2H_5OH + 3H_2O \rightarrow 2CO_2 + 12H^+ + 12e^-$
阳极完全氧化反应的电子转移数	2	6	12
阳极氧化反应难易程度	容易	较难	难，需断裂 C—C 键
氧化产物	H_2O	HCHO、HCOOH、CO_2、H_2O	CH_3CHO、CH_3COOH、CO_2、H_2O
电池电动势	1.229	1.213	1.145
可逆能量效率 $(\Delta G/\Delta H)/\%$	83.0	96.7	96.9
电极 Pt 载量	低	较高	较高
电池功率密度	高	较低	较低
技术状态	基本成熟	研究有一定进展	初步研究

由此可知，DEFC 一方面具有燃料来源丰富、易存储、安全和可逆能量

效率高等优点；另一方面，由于乙醇的电化学氧化反应颇为困难，中间产物多，过程复杂，因为乙醇中的 C—C 键在电极上氧化时不容易断裂，生成大量的乙醛和乙酸，给研究工作带来很大的困难，并且它的功率密度低，因此目前对于乙醇燃料电池的研究还处于机理研究[42~48]和初步研究的阶段，有待进一步更深入的研究。

1.4.3　乙醇电催化机理研究

乙醇在电催化剂的作用下发生电化学反应较复杂，涉及多种化学吸附态、C—C 键的断裂以及多种中间产物的形成。在质子交换膜这样的强酸性环境下，只有贵金属 Pt 才能稳定存在，催化活性较高。有报道说，乙醇在 Pt 上既能完全氧化为 CO_2，也能氧化变成乙醛和乙酸。影响原因[49]有：

（1）乙醇的浓度效应。当乙醇浓度较高时，主要产物为乙醛；当乙醇浓度较低时，主要产物为乙酸和 CO_2。其原因可能在于，由于乙醇的羟基中仅含一个氧原子，要氧化为乙酸和 CO_2 还需要额外的一个氧原子，即在 Pt 上发生水的解离吸附：$Pt + H_2O \rightarrow PtOH + H^+ + e^-$，PtOH 对乙酸和 CO_2 的形成是必不可少的，而乙醇氧化为乙醛不需要额外的氧原子，所以乙醇浓度较高时，Pt 电极上覆盖的有机物种也较多，阻止了 Pt 的活性位上 PtOH 的形成，对乙酸和 CO_2 的形成不利，使乙醛成为主要产物。反之，乙醇浓度较低时，即水含量较高，有利于 PtOH 的形成，乙酸和 CO_2 成为主要产物。有研究发现，水与乙醇的摩尔比在 5~2 之间，乙醇氧化的主要产物是乙醛，摩尔比越大，产物 CO_2 越多[47]。总之，乙醇浓度越低，产物 CO_2 越多，氧化越彻底，但乙醇浓度的降低势必会引起反应物传质困难，从而造成电池性能下降。

（2）电极电位的影响。乙醇阳极反应的电极电位见表 1-2。

表 1-2　乙醇阳极反应的电极电位

乙醇主要氧化反应	电位/V
$C_2H_5OH \rightarrow CH_3CHO + 2H^+ + 2e^-$	<0.6
$CH_3CHO + PtOH \rightarrow CH_3COOH + H^+ + Pt + e^-$	0.6~0.8
$C_2H_5OH + H_2O \rightarrow CH_3COOH + 4H^+ + 4e^-$	>0.8

1.4.4 催化剂中毒的机理研究

由于乙醇在 Pt 催化剂表面解离吸附，形成一系列表面吸附物种，因此，很有可能正是其中一种（或多种）中间物种在 Pt 的表面形成了强烈的吸附，封锁了 Pt 催化剂的表面活性位，阻止了乙醇的解离吸附，从而造成了催化剂的中毒。现场红外光谱方法建立以前，电化学研究认为中毒物种是 CO_{ads} 或 COH_{ads}。自现场红外光谱方法建立后，则普遍认为中毒物种是 CO_{ads}[50~52]。CO 可以以两种方式吸附在 Pt 的表面，一种是线性吸附，其红外光谱峰在 2060cm^{-1} 处，一种是桥式吸附，在 1850 ~ 1900cm^{-1} 处产生吸收峰。研究表明[53~55]，线性吸附的 CO 是导致催化剂中毒的主要原因，由于线性吸附的 CO 封锁了 Pt 表面的活性位置，从而阻止了乙醇进一步的解离吸附。很明显，在缺少含氧物种的情况下，线性吸附的 CO 占据了乙醇解离吸附的活性位置，因此选择一些对 OH 吸附具有较好性能的金属或金属氧化物，可以有效地减少中毒现象的发生。

1.4.5 DEFC 阳极催化剂的研究

要使 DEFC 性能提高，问题的关键在于减少或避免反应中间产物 CO 的形成和吸附，或者使其在较低电位下氧化。为达到此目的，只有对电极加以修饰来改变电极表面的氧化和吸附物种的动力学行为。于是寻找乙醇易氧化的阳极材料，成为乙醇燃料电池开发研究的热点。

目前研制的催化剂主要有以下几个类型：

（1）贵金属基电催化剂。贵金属电催化剂的研究较多，主要是集中在贵金属 Pt[56~58]、Pd 等金属[59~62]及金属基的合金等方面。Pt 的几何形状和电子结构影响 Pt 对乙醇的电催化活性。峰的电位和电流密度在很大程度上取决于 Pt 的晶形。J. W. Shin 及其合作者在研究 HClO$_4$ 溶液中乙醇在单晶 Pt 和多晶 Pt 电极上的氧化和解离吸附时，认为 Pt（335）和多晶 Pt 的电催化活性要强于 Pt（111）。有机小分子在 Pt 电极上的氧化电流密度较小，Pt 用量大，无法达到应用水平。要增大有机小分子的氧化电流密度就必须提高 Pt 的分散度，增大 Pt 的真实表面积，需要选择具有高表面积的基质（石墨、炭黑、活性炭)[63]。可能是由于其金属外层中的未成对的 d 电子轨道数目较少，存在 d 轨道空穴的缘故[64]，成键时吸附作用弱而表现出较高的催化活性，金属 Pt 成为众多金属中的首选。金属 Pt 的用量较少并且可以保持长久的高效率的活性，从而使对金属 Pt 合金及其 Pt 基电催化剂的研究较多[65]。G. Tremiliosi-Filho 等人采用程序控制电位法研究了 Au 电极上乙醇的氧化，虽有一定的电催化活性，但其活性比 Pt 差。

1) 贵金属二元合金电催化剂。为了降低昂贵金属 Pt 的使用量，孙世刚等人用玻碳代替 Pt 作基底，通过过电位沉积和欠电位沉积纳米级的铂粒子，其对乙醇有较好的催化活性，却难以将乙醇完全氧化成 CO_2。因而，研究者将目光转向 Pt 的合金电极。在近 30 年的研究中，已知的最好的阳极电催化剂是 Pt - Ru[66~70] 合金。目前大部分直接甲醇燃料电池采用 Pt - Ru 作为其阳极催化剂[71,72]，由 Pt - Ru 组成的双金属电极是公认的对甲醇和乙醇氧化非常有效的[73]。对于乙醇的电催化氧化，较好的合金催化剂也是 Pt - Ru 合金，它既降低了毒化程度，又可以使乙醇氧化的过电位降低。N. Fujiwara 及其合作者用 CV 和 DEMS 研究乙醇在 Pt - Ru 上的氧化行为：在 $HClO_4$ 溶液中，铂钌的不同比例的组成影响乙醇的氧化，随着钌的含量的增加，氧化产物的选择性增强，但反应速率较慢，铂钌的最佳组成比为 $Pt_{0.85}$ - $Ru_{0.15}$。它通过 Pt 和 Ru 的协同作用降低 CO 的氧化电势，使电池在 CO 存在的情况下性能明显提高[74~83]。关于 Pt - Ru 对 CO 的催化氧化机理研究比较多[84~90]，而且铂、钌上乙醇的氧化机理的研究也较详细。由于在乙醇吸附区间 (0.2 ~ 0.4 vs RHE)，钌的表面覆盖了一层氧化物，钌的表面不吸附乙醇，因而自身对乙醇没有氧化作用，但钌能在较低的电位下为邻近的铂提供毒性中间体 CO 氧化所需的氧，并且能降低 CO 的过电位。而在 0.2V 时水就能在钌上吸附，铂钌合金电极促进乙醇完全氧化生成 CO_2 的反应为：

$$Ru + H_2O \longrightarrow Ru - OH + H^+ + e^-$$

$$Pt_x(R)_{ad} + Ru - OH - e^- \longrightarrow xPt + Ru + CO_2$$

钌在上述反应中所起的作用是以 Ru - OH 形式提供小分子氧化所需的氧，但 W. L. Jeffrey 等人在研究甲醇氧化时，认为起作用的不是 RuOH 和 RuO，而是 RuO_xH_y[91]。

在二元合金催化剂中，第二种金属一般是过渡金属元素或ⅢA、ⅣA元素等，对二元合金的 Pt 基电催化剂的研究还集中在 $Pt_3M^{[92~94]}$（M = Ni、Co、V、Fe、Ti 等）上，制备 Pt 基二元合金的方法较多，主要有：伴随金属的还原用 Pt 和金属的前驱体共沉积于 C 基体上；高温下在 Pt/C 上沉积金属的前驱体；以及化学沉淀法，溶胶–凝胶法等多种方法。S. J. Lee[95] 对 Pt–Sn 电池性能作了测试，发现 Pt–Sn 活性及抗 CO 水平与 Pt–Ru 相近。尤其是 Pt–Sn 二元纳米粒子修饰 PAN 电极，对乙醇氧化的峰电流可增加一倍，而峰电位负移 300mV。由于贵金属的成本较高，中国科学院大连化物所的李文震[96] 研究了一种新的 Pt 基二元合金 Pt–Fe。B. N. Grgur 等人[97~100] 对担载型和非担载型 Pt_xMo_y 合金催化剂作了一系列研究，认为这是一种很有希望的抗 CO 催化剂，Pt–Bi、Pt–Ni、Pt–Re 等合金催化剂的研究也都有报道[101~103] 可进一步降低贵金属的用量并提高催化活性。

2）贵金属多元合金电催化剂。多元金属催化剂一般通过共沉积、电化学还原、高温合金化等方法制得合金催化剂，或者通过在金属表面修饰其他原子的方法形成催化剂。多元合金电催化剂的研究主要集中在三元和四元合金催化剂的领域，其中重点是三元合金电催化剂。三元合金电催化剂可减少 CO 的吸附区域，提高抗 CO 中毒的能力，同时稳态伏安特性显著提高。在 Pt–Ru 合金的基础上添加第三金属成分如 Au、Co、Fe、Mo、Ni、Sn、W 等，这类金属可用电沉积和分散的方法加入。PtRuOs 电催化剂相对于 Pt–Ru 催化剂可进一步减少 CO 的吸附量，PtRuOs 电催化剂电池的电流密度可达 $340mA/cm^2$（Pt–Ru 为 $260mA/cm^2$）[104]。Lima A[105] 等人采用 PANI 作载体制备的 PtRu-Mo/PANI 具有较好的活性，在相同的实验条件下比不加入第三种金属要有较高的能量密度。Norskov[106] 等人以 Ru 或 Os 作基体材料研究了一系列多元合金电催化剂 M_xPt_yRu 及 M_xPt_yOs，其中 M 代表 Fe、Rh、Ir、Cu、Ni、Au 等金属，在三元合金的基础上加入另一种物质可构成四元电催化剂，但该类电催化剂的研究相对较少。Erik Reddington[107] 采用电化学的手段制备的 PtRuOsIr 电催化剂比商品化 Pt–Ru（原子比 1∶1）活性提高近 40%。Pt–Ru–Sn[108] 等多元合金电极也是乙醇电氧化的有效催化剂。

（2）非贵金属电催化剂。由于贵金属价格昂贵，寻找贵金属如 Pt 以外的非贵金属电催化剂是乙醇燃料电池电催化剂研究的一个重要的方向，目前已经成功开发的非贵金属电催化剂主要集中在国外研究机构，国内研究相对较少。开发新的高效率、高活性的非贵金属电催化剂，降低催化剂的成本是燃料电池研究者的方向。虽然，就目前而言，非贵金属电催化剂用于 DMFC 其催化活性有待进一步提高，但相对较低的成本使其成为研究开发的热点。

镍是一种蕴藏量较大的非贵金属，其氧化物有优良电催化活性。关于乙醇在镍电极上电催化氧化行为的报道较多，如 Ni – Mo 合金（铜基底）、镍钠米线等。其中镍钠米线对乙醇的反应速率较高，说明电极材料的纳米化是提高电极活性的有效手段。然而尽管镍的电催化活性较好，但必须以碱性溶液为介质，而且只能部分氧化成乙醛和乙酸，不能充分利用燃料，这就限制了它的使用。

1.5 DMFC 其他替代燃料的研究情况

最近，国内外开始了研究甲醇替代燃料的工作。研究过 TMM、DMM、三氧杂环己烷和丙三醇、DME、HCOOH[109～111]、HCOH[112]等。这些化合物作为甲醇替代燃料有以下一些优点：

（1）这些分子中不含任何 C—C 键，因而活性高。

（2）比甲醇有较高的能量密度。

（3）比甲醇有高的沸点和低的毒性。

（4）比甲醇有低的透过质子交换膜的速度。

（5）有些化合物，如三氧杂环己烷是固态，作为燃料运输方便。

同时，也存在下列一些问题：

（1）这些化合物作为甲醇替代燃料存在的主要问题是在水溶液中易水解，产生甲醇。

TMM 的水解反应：

$$(CH_3O)_3CH + H_2O \longrightarrow HCO – OCH_3 + 2CH_3OH（酸催化）$$

$$HCO – OCH_3 + H_2O \longrightarrow HCOOH + CH_3OH \qquad（酸催化）$$

DMM 的水解反应：

$$(CH_3O)_2CH_2 + H_2O \longrightarrow HCHO + 2CH_3OH \qquad（酸催化）$$

三氧杂环己烷的水解反应：

$$(CH_2O)_3 \longrightarrow 3CH_2O \qquad （酸催化）$$

（2）有些化合物，如 TMM、DMM 的价格较高。

（3）用三氧杂环己烷作燃料获得的能量密度要比甲醇低得多。

（4）甲酸或甲醛作燃料有高的腐蚀性和毒性。

一些可能的甲醇替代燃料及其主要性质见表 1-3。除甲醇以外的一些其他脂肪醇类[113,114]有可能成为甲醇的替代燃料，脂肪醇的碳链越长阳极氧化越困难。

表 1-3　DMFC 可能燃料及其基本性质

燃料	分子式	N	在水中溶解性 (20℃)/g·L^{-1}	熔点（m. p.）或沸点（b. p.）/℃
甲醇	CH_3OH	6	∞	65(b. p.)
乙醇	C_2H_5OH	12	∞	78.5(b. p.)
丙醇	C_3H_7OH	18	∞	82.4(b. p.)
丙三醇	$C_3H_8O_3$	28	∞	290(b. p.)，分解
正丁醇	C_4H_9OH	24	90(15℃)	117.25(b. p.)
乙二醇	$C_2H_6O_2$	10	∞	198(b. p.)
二甲醚	CH_3OCH_3	12	76	-23(b. p.)
甲醛	CH_2O	4	∞	-21(b. p.)
甲酸	$HCOOH$	2	∞	8.4(m. p.)
环氧六烷	$(CH_2O)_3$	12	∞	64(m. p.)
草酸二甲脂	$C_4O_4H_6$	14	微溶	54(m. p.)
草酸	$C_2O_4H_2$	2	100	>100 升华
三甲氧基甲烷	$CH(OCH_3)_3$	20	∞	101(b. p.)
二甲氧基甲烷	$CH_2(OCH_3)_2$	16	∞	42(b. p.)

注：N 表示每个有机分子完全电氧化时转移的电子数。

多羟基醇类是很有前途的替代燃料，它们具有高的沸点，不易挥发，同时他们很容易电化学氧化，由多羟基醇类[115~117]代替甲醇，燃料电池的理论能量密度更大。已有报道用质子交换膜制备的直接乙二醇燃料电池，其显示了低的燃料渗透率和高的能量密度，和甘油在酸性溶液中在 Pt、Pd 和 Au 等贵金属催化剂上的电化学性能。乙二醇可以从生物质中获得，是可再生燃料并具有高的反应活性。但是，乙二醇还存在着阳极活性低的问题，乙二醇在氧化过程中对电极表面有毒化现象。其他的脂肪醇类，如丙醇、丁醇等在电极上的反应更加复杂。

最近，国外开始探索以二甲醚（DME）作为燃料构成的直接二甲醚燃料电池（DDFC）。DME 来源丰富，在 5 大气压下（0.5MPa）就可以储为液体，物理性质类似于液化石油气，储运方便，DDFC 的理论电动势与 DMFC 大致相等，但是阳极毒化与燃料透过问题对电池性能影响小，DDFC 可以气体进料，发挥气体优势，DME 分子中没有 C—C 键，能在电极上完全氧化生成 CO_2，能量储存密度高于甲醇，这些优点吸引了人们的注意，许多工作还在进行当中。

草酸二甲酯（DMO）和草酸[118]在常温下是固态，溶解度较小，与液体燃料相比，应用于小型设备时多一些优势。DMO 对温度的要求不高，据实验表明，在 0.4V 时每克 DMO 可以提供 1.272W·h 的电能，因此一个 10mm 厚的平板式单 DMO 直接氧化燃料电池能量密度可以达到 600W·h/kg，比最好的锂离子电池的质量比能量大 5~10 倍。但 DMO 的理论电池容量不如甲醇，而且透过质子交换膜后对阴极的负面影响比甲醇大，所以 DMO 直接氧化燃料电池的工作电压小于 DMFC。草酸分子中 C—C 键可以在电极上电氧化断裂，最终可以完全转化成 CO_2，但草酸的能量密度和溶解度都很小，在电池高电流密度放电时，由于扩散控制导致电池的过电位很大[12]。此外，草酸有腐蚀性，不易储存。

1.6 直接乙醇燃料电池的主要工作方案

1.6.1 研究方向

研究用不同方法制备的、用同一种方法制备的 Pt/C、Pt–WO₃/C 或 Pt–ZrO₂/C 催化剂对乙醇氧化的电催化活性，寻找对乙醇氧化有好的催化活

性的 Pt/C、$Pt-WO_3/C$ 或 $Pt-ZrO_2/C$ 催化剂的制备方法。

1.6.2　研究内容

（1）比较不同方法制备的 Pt/C 催化剂对乙醇和 CO 的电氧化能力。

（2）用化学沉积的方法制备了 Pt/C 催化剂，并且找到一种表面活化处理方法，能大幅度地提高 Pt/C 对乙醇和 CO 电氧化的催化性能。

（3）对比研究了自制的 Pt/C 和 $Pt-WO_3/C$ 电极以及 Pt/C 和 $Pt-ZrO_2/C$ 电极对乙醇的电氧化能力及它们的抗 CO 中毒能力。

2 实 验 部 分

2.1 试剂与材料

实验所用试剂与材料见表2-1。

表 2-1 实验所用试剂与材料

试剂名称	分子式	纯度/规格	生产单位
乙醇	CH_3CH_2OH	分析纯	北京化工厂
硫酸	H_2SO_4	分析纯	北京化工厂
硫酸钠	Na_2SO_4	分析纯	北京化工厂
氯化钾	KCl	分析纯	北京化工厂
抛光粉	Al_2O_3	$0.3\,\mu m, 0.05\,\mu m$	Buehler
活性炭	C	Spectracarb 205 A	美国 E-TEK
碳纸	C	Vulcan XC-72	美国 E-TEK
氯铂酸	H_2PtCl_6	分析纯	上海化学试剂一厂
环氧树脂胶	—	Torr Seal	美国 Varian
钛酸四丁酯	$Ti(OBu)_4$	分析纯	北京化工厂
一氧化碳	CO	99.99%	大连光明气体公司
钨酸铵	$(NH_4)_6H_5[H_2(WO_4)_6]\cdot H_2O$	分析纯	上海试剂二厂
硼氢化钠	$NaBH_4$	分析纯	上海盈元化工有限公司
异丙醇	$(CH_3)_2CHOH$	分析纯	天津市东丽区天大化学试剂厂
硝酸锆	$Zr(NO_3)_4\cdot 5H_2O$	分析纯	上海润捷化学试剂有限公司
硝酸	HNO_3	优级纯	哈尔滨化工试剂厂

2.2 实验仪器

实验仪器见表2-2。

表2-2 实验仪器

仪器名称	生产厂家
CHI650	上海辰华仪器公司
超声清洗器	昆山市超声仪器有限公司
单盘分析天平	上海精密科学仪器有限公司
单管定碳炉	上海浦东荣丰科学仪器有限公司
真空干燥箱	上海跃进医疗器械厂
恒温箱	自制
磁力搅拌器	常州国华电器有限公司

2.3 催化剂的制备

2.3.1 Pt/C催化剂的制备

方法1：

在 H_2PtCl_6 的异丙醇溶液中加入活性炭，用 NaOH 调 pH = 2，水浴75℃还原3h，再调 pH = 2，加水使异丙醇：水 = 1：1。

方法2：

在 H_2PtCl_6 的异丙醇溶液中加入活性炭，用 NaOH 调 pH = 2，水浴75℃还原3h，再调 pH = 7，加 $NaBH_4$ 还原氯铂酸，在磁力搅拌器搅拌下还原反应120min后加水使异丙醇：水 = 1：1。

方法3：

将活性炭分散在异丙醇水溶液中60min，然后加入氯铂酸溶液，加热到80℃时，调 pH = 7，在溶液中加入过量的 $NaBH_4$ 还原氯铂酸，在磁力搅拌器搅拌下还原反应120min。

搅拌下均降至室温，过滤、洗涤，室温干燥，得到 Pt/C 催化剂，Pt 在催化剂中的含量为20%（质量分数）。

2.3.2　Pt－WO₃/C 催化剂的制备

将活性炭、钨酸铵、水的混合物进行热搅拌，再加入盐酸，过滤、洗涤、干燥，然后在 N₂ 保护下 200℃热处理 120min，制得 WO₃/C，将得到的产品分散在异丙醇和水的混合物中再进行热搅拌，然后加入 H₂PtCl₆ 溶液，调 pH 值约等于 7 后，80℃用过量 NaBH₄ 还原 1h 后，过滤，洗涤至无 Cl⁻ 离子存在后，干燥，制得 Pt－WO₃/C 催化剂。Pt 和 WO₃ 在 Pt－WO₃/C 催化剂中的含量各为 20%（质量分数）。

2.3.3　Pt－ZrO₂/C 催化剂的制备

将活性炭、硝酸锆、异丙醇和水的混合物进行热搅拌 2h，再加入 NaOH 溶液，调 pH 值约等于 9，过滤、洗涤、干燥，然后在 N₂ 保护下 500℃热处理 120min，制得 ZrO₂/C，将得到的产品分散在异丙醇和水的混合物中再进行热搅拌，然后加入 H₂PtCl₆ 溶液，调 pH 值约等于 7，80℃用过量 NaBH₄ 还原 1h 后，过滤，洗涤至无 Cl⁻ 存在后，干燥，制得 Pt－ZrO₂/C 催化剂。Pt 和 ZrO₂ 在 Pt－ZrO₂/C 催化剂中的含量均为 20%（质量分数）。

2.4　工作电极的制备

2.4.1　光滑 Pt 电极的制备

将表面积为 2.52mm² 的铂电极用环氧树脂胶封装在内径为 4mm 的玻璃管内，用砂纸逐级打磨。每次实验前，工作电极依次用粒度为 0.3μm、0.05μm 的 Al₂O₃ 粉抛光至光亮，在三次蒸馏水中超声清洗 5min，再用三次蒸馏水冲洗干净。

2.4.2　Pt/C、Pt－WO₃/C 及 Pt－ZrO₂/C 电极的制备

将制备好的 Pt/C、Pt－WO₃/C 及 Pt－ZrO₂/C 催化剂分别与聚四氟乙烯乳液（PTFE）、5% 的 Nafion 溶液若干及少量乙醇混合均匀，超声震荡 5min。

将混合液均匀涂在碳纸上，电极的 Pt 载量为 $1mg/cm^2$，PTFE 约占 20%，Nafion 干载量 $1mg/cm^2$。电极表观面积为 $0.5cm^2$。

2.4.3 电极表面的活化处理

用丙酮试剂将 2.4.2 节制作好的电极在常温下进行表面处理，10min 后将电极在 $0.5mol/L$ 的 H_2SO_4 溶液中，$-0.1 \sim 1.3V$ 电位范围内循环扫描 5 次。

2.5 实验装置及电化学测试方法

2.5.1 实验装置

电化学测试采用常规的三电极体系的电解池进行。电解池示意图如图 2-1 所示。

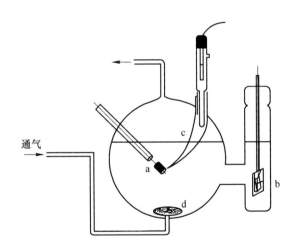

图 2-1 电解池示意图

a—工作电极；b—辅助电极、铂网；c—参比电极（饱和 Ag – AgCl 电极）；d—玻璃砂

2.5.2 电化学测试

电化学测试采用 CHI650（上海辰华仪器公司）电化学分析仪，主要采用的测试方法有循环伏安法（CV）、线性扫描法（LSV）和计时电流法。测

试过程中温度的控制使用恒温箱，控制温度的精度为 $t \pm 1℃$。参比电极使用 Ag – AgCl 电极，电位为 0.197V vs. SHE（标准氢电极）。

2.5.2.1　循环伏安测试

不同实验过程所用的溶液不同，待测溶液含有待测的有机活性物质（乙醇）和支持电解质（Na_2SO_4 或 H_2SO_4）；空白溶液中只含有支持电解质，支持电解质的种类和浓度与待测液相同。进行循环伏安测试的电位范围为 $-0.1 \sim 1.3V$。

（1）光滑 Pt 电极上的循环伏安测试。按图 2-1 所示安装好电解池，通高纯 N_2（99.99%）除氧 10min 后先测空白溶液 CV，再测待测溶液的 CV。

研究不同乙醇浓度时的电化学性质，乙醇浓度分别取 0.01mol/L、0.05mol/L、0.10mol/L、0.20mol/L、0.40mol/L、0.80mol/L 和 1.00mol/L，支持电解质溶液为 0.5mol/L 的 H_2SO_4，扫速为 10mV/s，实验温度为 25℃。

研究扫速对乙醇电化学性质的影响，扫速分别为 10mV/s、20mV/s、40mV/s、80mV/s、100mV/s、150mV/s、200mV/s，待测液为标准液即 1mol/L C_2H_5OH + 0.5mol/L H_2SO_4，实验温度为 25℃。

研究温度对乙醇电化学性质的影响，实验温度分别取 15℃、25℃、40℃、60℃ 和 80℃，待测液为标准液，扫速为 10mV/s。

（2）碳载 Pt/C 电极上的循环伏安测试。研究不同乙醇浓度时的电化学性质，乙醇浓度分别取 0.01mol/L、0.05mol/L、0.10mol/L、0.20mol/L、0.40mol/L、0.80mol/L 和 1.00mol/L，支持电解质溶液为 0.5mol/L 的 H_2SO_4，实验温度为 25℃。

研究扫速对乙醇电化学性质的影响，扫速分别为 10mV/s、20mV/s、40mV/s、80mV/s、100mV/s、150mV/s，待测液为标准液，扫速为 10mV/s，实验温度为 25℃。

研究酸度对乙醇电化学性质的影响，乙醇浓度为 1.00mol/L，H_2SO_4 浓度分别为 0.10mol/L、0.30mol/L、0.50mol/L，中性介质 Na_2SO_4 浓度为 0.64mol/L，实验温度为 25℃。

研究温度对乙醇电化学性质的影响，实验温度分别取 15℃、25℃、

40℃、60℃和80℃，待测液为标准液，扫速为10mV/s。

（3）碳载 Pt/C、Pt – WO$_3$/C、Pt – ZrO$_2$/C 电极以及表面活化后的电极对乙醇电氧化的作用。将2.4.2节和2.4.3节方法制备的电极用三次蒸馏水淋洗后，按照图2-1所示安装好电解池，通高纯 N$_2$ 除氧10min，在0.50mol/L H$_2$SO$_4$、0.64mol/L Na$_2$SO$_4$ 中测空白溶液曲线，然后换1.00mol/L C$_2$H$_5$OH + 0.50mol/L H$_2$SO$_4$、1.00mol/L C$_2$H$_5$OH + 0.64mol/L Na$_2$SO$_4$，通高纯 N$_2$ 除氧10min，进行 CV 测试。扫描电位范围是 – 0.1 ~ 1.3V，扫速为10mV/s，实验温度为25℃。

2.5.2.2 线性扫描测试

CO 在 Pt/C、Pt – WO$_3$/C、Pt – ZrO$_2$/C 电极以及表面活化后的电极上的氧化。进行吸附 CO 氧化测试时，按照图2-1所示安装好电解池，先将电解液通 N$_2$ 除氧10min，再通入 CO 10min，使电解液中 CO 达到饱和，停止通 CO 气体并在 CO 的气氛中静置10min，使 CO 在电极表面饱和吸附，然后通 N$_2$ 10min 除去溶液中的 CO 后进行测试。电解液为0.50mol/L Na$_2$SO$_4$ 溶液和0.50mol/L H$_2$SO$_4$，扫速为10mV/s，扫描电位范围是 – 0.1 ~ 1.2V，实验温度分别取25℃和60℃。

2.6 催化剂表征

（1）透射电镜分析法（SEM）。日本电子公司 JXA – 840 型扫描电镜，放大倍数：30万倍。

（2）X 射线粉末衍射（XRD）。XRD 分析采用日本岛津 Shimadzu XRD-6000 型转靶 X 射线衍射仪，Cu K_α 靶，管电压为30kV，管电流为40mA。

3　直接乙醇燃料电池阳极
催化剂的研究

3.1　乙醇在光滑 Pt 电极上的电氧化

3.1.1　不同浓度对乙醇电氧化的影响

图 3-1 所示为含不同浓度的 C_2H_5OH 在 0.50mol/L H_2SO_4 溶液中，在光滑 Pt 电极上的循环伏安曲线。由图可以看出，乙醇在酸性溶液中正扫方向 0.7~1.3V 的电位范围内出现两个氧化峰。当 C_2H_5OH 浓度为 0.01mol/L 时，正扫的氧化峰电流密度较小，反扫没有氧化峰，随着 C_2H_5OH 浓度的增

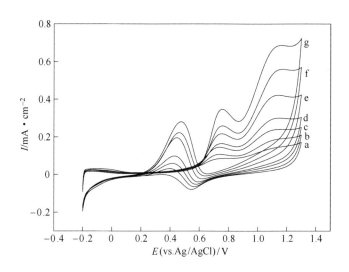

图 3-1　不同浓度时乙醇溶液在光滑 Pt 电极上的循环伏安曲线（25℃）

a—0.01mol/L；b—0.05mol/L；c—0.10mol/L；d—0.20mol/L；

e—0.40mol/L；f—0.80mol/L；g—1.00mol/L

加，C_2H_5OH 氧化峰电流密度逐渐增加，氧化峰电位变化不大，第一个氧化峰电位在低浓度 0.01mol/L 到 0.2mol/L 范围内略有正移，当浓度高于 0.2mol/L，峰电位几乎不变；第二个氧化峰电位几乎不变。由上表明，C_2H_5OH 在光滑 Pt 电极上的电氧化是与 C_2H_5OH 吸附量有关的，C_2H_5OH 在电极表面的吸附量随浓度增加而加大，从而使得氧化峰电流密度不断增加。

3.1.2 不同扫速乙醇溶液的循环伏安特性

图 3-2 所示为不同扫速下，1.00mol/L C_2H_5OH + 0.50mol/L H_2SO_4 溶液在光滑 Pt 电极上的循环伏安曲线。从图中可以看出，随着扫速的逐渐增加，乙醇的两个氧化峰电流密度不断升高，而且氧化峰电位不断正移，表现出乙醇电化学氧化的不可逆性。

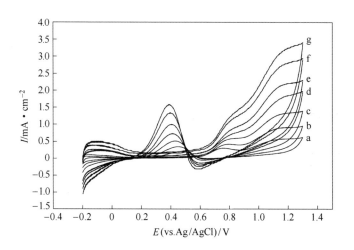

图 3-2　不同扫速时乙醇溶液在光滑 Pt 电极上的循环伏安曲线（25℃）

a—10mV/s；b—20mV/s；c—40mV/s；d—80mV/s；

e—100mV/s；f—150mV/s；g—200mV/s

3.1.3 不同温度对乙醇电氧化的影响

图 3-3 所示为不同温度时，1.00mol/L C_2H_5OH + 0.50mol/L H_2SO_4 溶液在光滑 Pt 电极上的循环伏安曲线。随着温度的升高，乙醇的氧化峰电流密度有较大幅度的增加，40℃比 25℃和 15℃的峰电位负移，起始氧化电位负移。

温度继续升高时，峰电位几乎不变。由此说明温度升高对乙醇在光滑 Pt 电极上的电氧化是有利的，增加了乙醇在电极表面的电催化氧化速率。

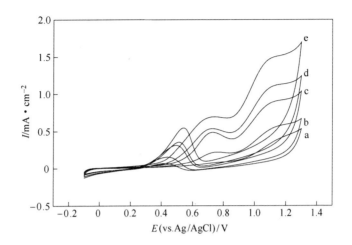

图 3-3　不同温度时乙醇溶液在光滑 Pt 电极上的循环伏安曲线

a—15℃；b—25℃；c—40℃；d—60℃；e—80℃

3.2　乙醇在 Pt/C 电极上的电氧化

3.2.1　不同方法制备的 Pt/C 催化剂对乙醇电氧化的作用

（1）酸性溶液中乙醇在 Pt/C 电极的循环伏安曲线。对于燃料电池的阳极反应来说，如果使用的催化剂能使阳极起始氧化电位负移或提高阳极氧化电流密度，就说明这一催化剂具有较高的催化活性。图 3-4 所示为在酸性介质中，不同方法制备的 Pt/C 催化剂对 C_2H_5OH 的电氧化。曲线 a 为 2.3.1 节中方法 1 所制备的 Pt/C 催化剂上 C_2H_5OH 的循环伏安曲线，氧化峰的电位分别为 0.71V 和 1.1V，峰电流密度分别为 $10.2mA/cm^2$ 和 $18.2mA/cm^2$；曲线 b 为 2.3.1 节中方法 2 所制备的 Pt/C 催化剂上 C_2H_5OH 的循环伏安曲线，氧化峰的电位分别为 0.77V 和 1.2V，峰电流密度分别为 $28mA/cm^2$ 和 $38mA/cm^2$；曲线 c 为 2.3.1 节中方法 3 所制备的 Pt/C 催化剂上 C_2H_5OH 的循环伏安曲线，电位正扫时在 0.84V 和 1.28V 处出现两个阳极氧化峰，这是由乙醇阳极氧化引起的，峰电流密度为 $51.7mA/cm^2$ 和 $71.8mA/cm^2$，当电位负扫时在 0.64V 出现一个氧化尖峰以及在 0.52V 出现一个宽的氧化峰，这被认为是电极表面氧化掉吸附物质后，负扫时乙醇以及中间产物的氧化峰，正扫氧化峰与方法 2 和方法 1 的相比，虽然峰电位有所正移，但峰电流密度大幅度提高，并且起始氧化电位也明显负移，说明乙醇在方法 3 制备的催化剂上容易氧化。由图可以明显看出，在酸性介质中对 C_2H_5OH 的氧化能力，方法 3 制备的催化剂优于方法 2 和方法 1 制备的催化剂。

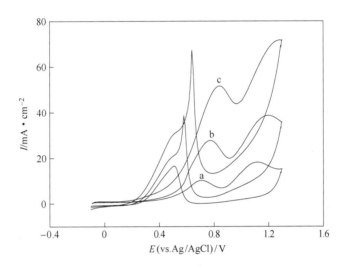

图 3-4　不同方法制备的 Pt/C 催化剂在酸性溶液中
C_2H_5OH 的循环伏安曲线

a—2.3.1 节方法 1；b—2.3.1 节方法 2；c—2.3.1 节方法 3

（2）中性溶液中乙醇在 Pt/C 电极上的循环伏安曲线。图 3-5 所示为中性介质中，C_2H_5OH 在三种不同方法制备的 Pt/C 催化剂上的循环伏安曲线。由图可以明显看出，曲线 b 的峰电流密度比曲线 a 的大幅度提高，a 曲线的氧化峰电位分别为 0.72V 和 1.13V，峰电流密度分别为 $7.9mA/cm^2$ 和 $14.3mA/cm^2$；b 曲线的氧化峰电位分别为 0.84V 和 1.26V，峰电流密度分别为 $19.8mA/cm^2$ 和 $29.6mA/cm^2$；曲线 c 上，电位正扫时在 0.90V 处出现氧化峰，峰电流密度为 $38.6mA/cm^2$，曲线 c 上的峰电流密度比曲线 b 上的进一步升高，可见在中性介质中，方法 3 也比方法 2 和方法 1 制备的催化剂对 C_2H_5OH 的氧化能力强。

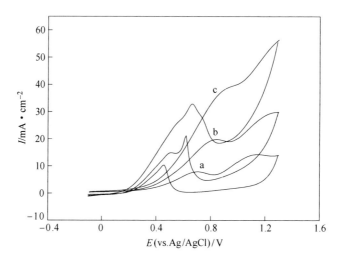

图 3-5 不同方法制备的 Pt/C 催化剂在中性溶液中

C_2H_5OH 的循环伏安曲线

a—2.3.1 节方法 1；b—2.3.1 节方法 2；c—2.3.1 节方法 3

3.2.2 溶液的酸度对乙醇电氧化的影响

图 3-6 所示为 1.00mol/L C_2H_5OH 在不同浓度的 H_2SO_4 和中性 Na_2SO_4 介质中，在 Pt/C 电极上的循环伏安曲线。当 H_2SO_4 的浓度由 0.10mol/L 增加到 0.30mol/L 时，不仅乙醇的两个氧化峰的峰电流密度增加，而且峰电位分别由 0.92V 和 1.39V 负移至 0.84V 和 1.23V。当酸浓度再有所增加时，乙醇的氧化峰电流密度增加，但峰电位变化不大。在中性介质中乙醇的氧化峰电流密度与 0.30mol/L H_2SO_4 介质中的相近，峰电位比其正移，出现在 0.97V 和 1.35V。说明乙醇氧化程度随酸介质浓度的增加而增强，在中性介质 0.64mol/L Na_2SO_4 与 0.30mol/L H_2SO_4 介质中氧化程度相当。在 DMFC 中如果用碱性电解质，则燃料氧化生成的 CO_2 和碱生成难溶的碳酸盐，不易移去，所以这里只讨论乙醇在酸性和中性介质中的电氧化行为。

3.2.3 不同浓度时乙醇溶液的循环伏安特性

图 3-7 所示为含不同浓度的 C_2H_5OH 在 0.50mol/L H_2SO_4 溶液中，在 Pt/C 电极上的循环伏安曲线。由图明显可以看出，随着 C_2H_5OH 浓度的增加，

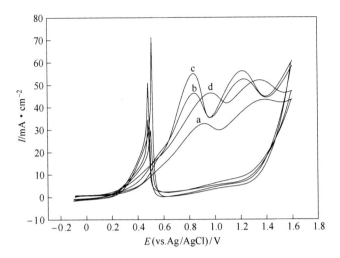

图 3-6 不同酸度下乙醇溶液在 Pt/C 电极上的循环伏安曲线（25℃）

a—0. 10mol/L H₂SO₄；b—0. 30mol/L H₂SO₄；c—0. 50mol/L H₂SO₄；

d—0. 64mol/L Na₂SO₄

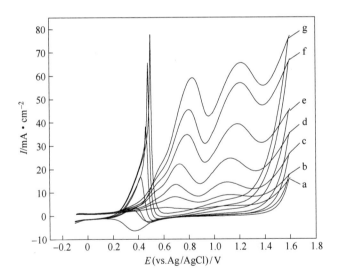

图 3-7 不同浓度时乙醇溶液在 Pt/C 电极上的循环伏安曲线（25℃）

a—0. 01mol/L；b—0. 05mol/L；c—0. 10mol/L；d—0. 20mol/L；

e—0. 40mol/L；f—0. 80mol/L；g—1. 00mol/L

C_2H_5OH 氧化峰电流密度逐渐增加，C_2H_5OH 浓度为 0. 05mol/L 和 0. 10mol/L 两条件下的峰电位几乎一致，当 C_2H_5OH 浓度继续增加时，氧化峰电位逐渐正移，但 C_2H_5OH 浓度为 0.8mol/L 和 1.0mol/L 的第二个氧化峰电位几乎不变。以上结果表明，C_2H_5OH 在 Pt/C 电极上的电氧化是与 C_2H_5OH 吸附量有关的，C_2H_5OH 在电极表面的吸附量随浓度增加而加大，从而使得氧化峰电流密度不断增加。

3.2.4　不同扫速时乙醇溶液的循环伏安特性

图 3-8 所示为 1.00mol/L C_2H_5OH 在 0.50mol/L H_2SO_4 溶液中，不同扫速下乙醇在 Pt/C 电极上的循环伏安曲线。从图中可以看出，随着扫速的逐渐增加，乙醇的两个氧化峰电流密度不断升高，说明随着扫速的增加，乙醇的氧化能力增强，但氧化峰电位不断正移，表现出乙醇电化学氧化的不可逆性。

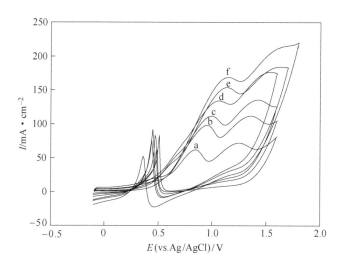

图 3-8　不同扫速时乙醇溶液在 Pt/C 电极上的循环伏安曲线（25℃）
a—10mV/s；b—20mV/s；c—40mV/s；d—80mV/s；e—100mV/s；f—150mV/s

3.2.5　不同温度时乙醇溶液的循环伏安特性

图 3-9 所示为不同温度时，1.00mol/L C_2H_5OH + 0.50mol/L H_2SO_4 溶液在 Pt/C 电极上的循环伏安曲线。如图 3-9 所示，随着温度的升高，乙醇的氧化峰电流密度有较大幅度的增加。温度升高对乙醇在 Pt/C 电极上的电氧化

是有利的，增加了乙醇在电极表面的电催化氧化速率，但随着温度升高，乙醇的氧化峰电位有一定程度的正移。说明在较高温度下乙醇在 Pt/C 电极表面的氧化需要在较正的电势下才能达到极限扩散电流。虽然乙醇在 Pt/C 电极上的电氧化速率随着温度的升高而明显增大，但是通过提高温度来增加乙醇燃料电池效率的幅度是有限的，因为 Nafion 膜通常的使用温度在 120℃以下。

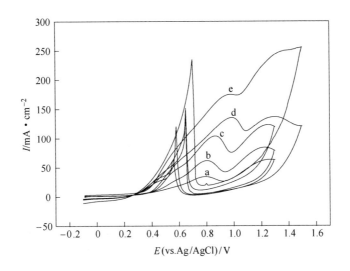

图 3-9　不同温度时 C₂H₅OH 在 Pt/C 电极上的循环伏安曲线

a—15℃；b—25℃；c—40℃；d—60℃；e—80℃

　　由 3.1 节和 3.2 节的结果可知，乙醇在光滑 Pt 电极和 Pt/C 电极上的电氧化性质随酸度、扫速、浓度和温度的变化而不同。乙醇氧化峰电流密度随酸度、扫速、温度、浓度的增加而增加。

3.3　乙醇和 CO 在 Pt – ZrO₂/C 电极上的电氧化

3.3.1　乙醇在 Pt – ZrO₂/C 电极上的氧化

　　图 3-10 所示为酸性介质中乙醇在 Pt/C 和 Pt – ZrO₂/C 电极上的循环伏安曲线。由图 3-10 可见，乙醇在 Pt – ZrO₂/C 电极上的氧化（如图 3-10b 所示）与在 Pt/C 电极上的氧化（如图 3-10a 所示）相比，第一个氧化峰电位儿乎

一致，第二个氧化峰电位负移 30mV，两个氧化峰电流密度都有提高，但提高不大，分别提高 4mA/cm² 和 5mA/cm²。

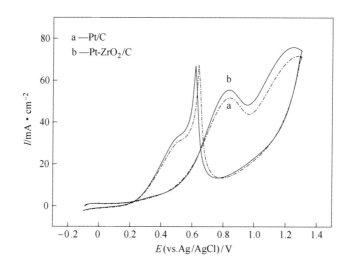

图 3-10 酸性介质中乙醇在 Pt/C 和 Pt – ZrO₂/C 电极上的循环伏安曲线

图 3-11 所示为中性介质中乙醇在 Pt/C 和 Pt – ZrO₂/C 电极上的循环伏安曲线。由图 3-11 可见，乙醇在 Pt – ZrO₂/C 电极上的循环伏安曲线（如图 3-11b 所示）与在 Pt/C 电极上的循环伏安曲线（如图 3-11a 所示）几乎一致，有区别的是反扫有两个氧化峰，而在 Pt/C 电极上只有一个氧化峰，说明电极表面氧化掉吸附物质后，负扫时乙醇以及中间产物的氧化物不同。

由图 3-10 和图 3-11 结果可知，催化剂中加入 ZrO₂，在酸性介质中能够对乙醇的氧化有一些促进作用，而在中性介质中没有作用。

3.3.2 CO 在 Pt – ZrO₂/C 电极上的氧化

图 3-12 所示为在酸性溶液中吸附的 CO 在 Pt/C 和 Pt – ZrO₂/C 电极上的线性扫描曲线。从图中可以看出，CO 在 Pt/C 和 Pt – ZrO₂/C 电极上的氧化峰电位分别为 0.57V 和 0.62V，Pt – ZrO₂/C 电极比 Pt/C 电极峰电位正移 50mV，而且起始氧化电位也有所正移，说明在酸性溶液中，Pt – ZrO₂/C 电极上不利于 CO 氧化。

图 3-13 所示为在中性溶液中吸附的 CO 在 Pt/C 和 Pt – ZrO₂/C 电极上的

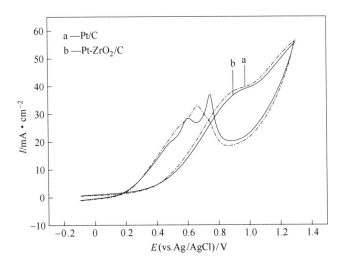

图 3-11 中性介质中乙醇在 Pt/C 和 Pt－ZrO$_2$/C 电极上的循环伏安曲线

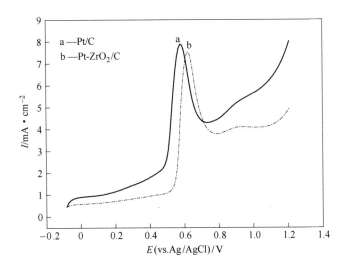

图 3-12 酸性溶液中吸附的 CO 在 Pt/C 和 Pt－ZrO$_2$/C

电极上的线性扫描曲线

线性扫描曲线。CO 在 Pt/C 和 Pt－ZrO$_2$/C 电极上的氧化峰电位分别为 0.49V 和 0.60V，与 Pt/C 电极相比，Pt－ZrO$_2$/C 电极上的峰电位正移 110mV，比酸性溶液中正移幅度增大，与酸性溶液中情况相似，起始氧化电位也有所正移，说明在中性溶液中，Pt – ZrO$_2$/C 电极上也不利于 CO 氧化。

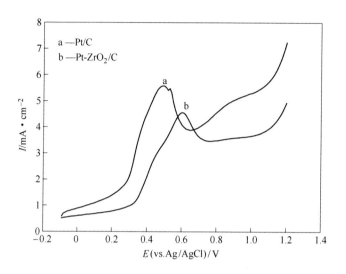

图 3-13   中性溶液中吸附的 CO 在 Pt/C 和 Pt – ZrO$_2$/C
电极上的线性扫描曲线

由图 3-12 和图 3-13 结果可知，无论在酸性还是在中性介质中，ZrO$_2$ 的加入都不利于 CO 的氧化。

3.4   乙醇和 CO 在 Pt – WO$_3$/C 电极上的电氧化

3.4.1   乙醇在 Pt – WO$_3$/C 电极上的氧化

图 3-14 所示为酸性介质中乙醇在 Pt/C 和 Pt – WO$_3$/C 电极上的循环伏安曲线。从图 3-14 中可以看出，– 0.1 ~ 0.1V 电位下，在 Pt – WO$_3$/C 和 Pt/C 电极上都没有出现 H 的吸脱附峰，说明乙醇在低电位下就能较强地吸附在 Pt – WO$_3$/C 和 Pt/C 电极表面，从而抑制了氢的吸脱附。乙醇在 Pt/C 电极（如图 3-14a 所示），电位正扫时在 0.84V 和 1.28V 处出现两个阳极氧化峰，峰电流密度为 51.7mA/cm^2 和 71.8mA/cm^2；乙醇在 Pt – WO$_3$/C 电极（如图 3-14b 所示），电位正扫时两个阳极氧化峰分别出现在 0.85V 和 1.26V，与 Pt/C 电极相比，第一个氧化峰正移 10mV，第二个氧化峰负移 20mV，虽然氧化峰电位变化不大，但峰电流密度有较大幅度提高，分别为 63.0mA/cm^2

和 91.0mA/cm² 。乙醇在 Pt/C 和 Pt-WO₃/C 电极上的起始氧化电位虽然都约为 0.4V ，但从图中可以看出在相同电位下，乙醇在 Pt-WO₃/C 电极上的氧化速率大于在 Pt/C 电极上的氧化速率。由图 3-14 结果可知，在酸性介质中 Pt-WO₃/C 电极比 Pt/C 电极对乙醇的催化氧化活性高。

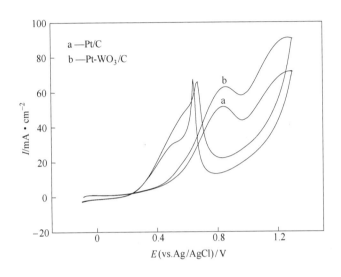

图 3-14　酸性介质中乙醇在 Pt/C 和 Pt-WO₃/C 电极上的循环伏安曲线

图 3-15 所示为中性介质中乙醇在 Pt/C 和 Pt-WO₃/C 电极上的循环伏安曲线。从图 3-15 中可以看出，Pt/C （如图 3-15a 所示）电极上，电位正扫时在 0.90V 处出现氧化峰，峰电流密度为 38.6mA/cm²，起始氧化电位约为 0.23V，比相应的电极在酸性介质中（如图 3-14a 所示）负移，说明中性溶液中乙醇在较低电位就可以在 Pt/C 电极上发生氧化。Pt-WO₃/C （如图 3-15b 所示）电极上，电位正扫时氧化峰电位出现在 0.93V，峰电流密度为 52.2mA/cm²，起始氧化电位约为 0.19V，与 Pt/C 电极相比，峰电位有所正移，但峰电流密度有较大幅度增加且起始氧化电位也有所负移。由图 3-15 这些结果表明，在中性介质中 Pt-WO₃/C 电极也比 Pt/C 电极对乙醇的催化氧化活性提高。

从以上结果可以看出，无论在酸性介质还是在中性介质中乙醇在 Pt-WO₃/C 电极上的氧化峰电流密度都比在 Pt/C 电极上的大，说明 Pt-WO₃/C 电极比 Pt/C 电极对乙醇的氧化有更好的催化活性。

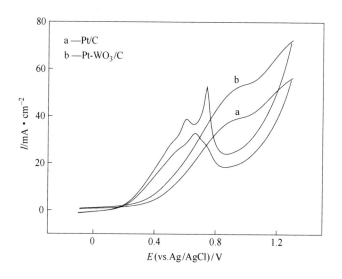

图 3-15   中性介质中乙醇在 Pt/C 和 Pt－WO₃/C 电极上的循环伏安曲线

3.4.2   酸性溶液中 CO 在 Pt－WO₃/C 电极上的氧化

图 3-16 所示为在酸性溶液中吸附的 CO 在 Pt/C 和 Pt－WO₃/C 电极上的
线性扫描曲线。图 3-16a 所示为 25℃ 时 CO 在 Pt/C 和 Pt－WO₃/C 电极上的
线性扫描曲线。从图 3-16a 中可以看出，CO 在 Pt－WO₃/C 和 Pt/C 电极上的
氧化峰电位分别为 0.54V 和 0.57V，Pt－WO₃/C 电极比 Pt/C 电极峰电位负
移 30mV，峰电流密度增加 3.4mA/cm²，而且起始氧化电位也有所负移，说
明电极上 Pt 与 W 氧化物之间的相互作用，有利于 CO 在 Pt 表面的氧化。图
3-16b 所示为 60℃ 时 CO 在 Pt/C 和 Pt－WO₃/C 电极上的线性扫描曲线。从图
3-16b 中可以看出，CO 在 Pt/C 电极上的氧化峰电位出现在 0.52V，比 25℃
时负移 50mV，且峰电流密度有所减小，峰形变宽，说明温度升高有利于 CO
在 Pt/C 电极上发生氧化。在 Pt－WO₃/C 电极上，CO 的氧化峰电位在
0.46V，比 25℃ 时负移 80mV，随温度升高 CO 在 Pt－WO₃/C 电极比在 Pt/C
电极负移程度增加，说明在较高的温度下，Pt 与 W 氧化物之间的作用，对
Pt 和 CO 之间的相互作用的影响加强，更有利于 CO 的氧化。与同温度下的
Pt/C 电极相比，峰电位负移 60mV，峰电流增加 4.4mA/cm²，起始氧化电位

略有负移，说明 60℃时 CO 也容易在 Pt‒WO₃/C 电极发生氧化。由此可知，酸性介质中无论在 25℃还是在 60℃，CO 在 Pt‒WO₃/C 电极上的峰电流都明显比在 Pt/C 电极上高，说明 WO₃的加入明显提高了催化剂中 Pt 的分散度，从而提高了催化剂的抗 CO 中毒能力，而且随着温度的升高 WO₃的优势表现得越明显。

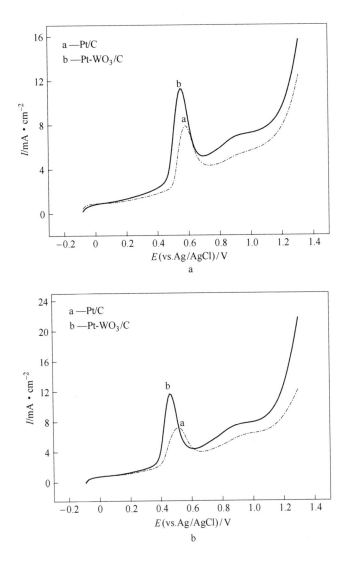

图 3-16　酸性溶液中吸附的 CO 在 Pt/C 和 Pt‒WO₃/C 电极上的线性扫描曲线

a—25℃；b—60℃

3.4.3 中性溶液中 CO 在 Pt-WO$_3$/C 电极上的氧化

图 3-17 所示为在中性溶液中吸附的 CO 在 Pt/C 和 Pt-WO$_3$/C 电极上的线性扫描曲线。其中，图 3-17a 所示为 25℃时 CO 在 Pt/C 和 Pt-WO$_3$/C 电极上的线性扫描曲线，在 Pt/C 电极上 CO 的氧化峰电位出现在 0.49V，在 Pt-WO$_3$/C 电极上 CO 的氧化峰电位出现在 0.41V，与 Pt/C 电极相比，峰电位负移 80mV，峰电流密度有所增加，起始氧化电位明显负移，约负移 60mV。图 3-17b 所示为 60℃时 CO 在 Pt/C 和 Pt-WO$_3$/C 电极上的线性扫描曲线，CO 在 Pt/C 和 Pt-WO$_3$/C 电极上的氧化峰电位分别出现在 0.36V 和 0.28V，Pt-WO$_3$/C 电极比 Pt/C 电极峰电位负移 80mV，比 25℃时负移的程度增加，说明在中性溶液中随着温度的升高 Pt 与 W 氧化物之间的作用，对 Pt 和 CO 之间的相互作用的影响也加强，更有利于 CO 在 Pt-WO$_3$/C 电极上的氧化，与同温下的 Pt/C 电极相比，峰电流也增加。由图 3-17 结果可知，中性介质中无论在 25℃还是在 60℃，CO 在 Pt-WO$_3$/C 电极上的峰电流也都明显比 Pt/C 电极上高，与酸性溶液中得出的结论相似，WO$_3$ 的加入对 CO 的氧化有明显的促进作用，而且在温度较高时 WO$_3$ 的促进作用更明显。

3.4.4 乙醇溶液在 Pt-WO$_3$/C 和 Pt/C 电极上的计时电流曲线

图 3-18 所示为电位恒定在 0.8V 时，Pt-WO$_3$/C 和 Pt/C 电极在 1.00mol/L C$_2$H$_5$OH + 0.50mol/L H$_2$SO$_4$ 溶液中的计时电流曲线。曲线 a 为乙醇在 Pt/C 电极上的计时电流曲线，曲线 b 为乙醇在 Pt-WO$_3$/C 电极上的计时电流曲线，由图 3-18 可看出，Pt-WO$_3$/C 电极与 Pt/C 电极有着近似相同的稳定性，但在 Pt-WO$_3$/C 电极上乙醇氧化的电流密度较高。两条曲线随着时间的延长，都显示出一定的电流衰减行为，这反映了在乙醇电催化氧化过程中产生的中间产物引起对催化剂的毒化作用[119]。

3.4.5 Pt/C、Pt-ZrO$_2$/C 和 Pt-WO$_3$/C 电极对乙醇电氧化的比较

图 3-19 所示为酸性介质中，乙醇在 Pt/C、Pt-ZrO$_2$/C 和 Pt-WO$_3$/C 电极上的循环伏安曲线。由图 3-19 可看出，乙醇在 Pt-ZrO$_2$/C 电极上的峰电

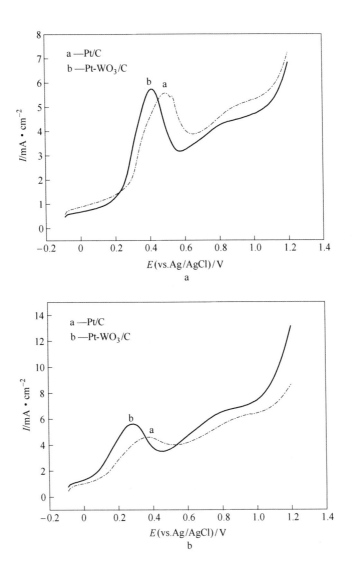

图 3-17 中性溶液中吸附的 CO 在 Pt/C 和 Pt - WO₃/C 电极上的线性扫描曲线

a—25℃；b—60℃

流密度比 Pt/C 电极上略高，峰电位几乎不变，在 Pt - WO₃/C 电极上峰电位略有正移，但峰电流密度比 Pt/C 电极有较大幅度提高。所以，在酸性介质中，乙醇在 Pt - WO₃/C 电极比在 Pt/C 电极和 Pt - ZrO₂/C 电极上容易氧化，说明 WO₃ 的加入提高了催化剂对乙醇的催化氧化能力，而 ZrO₂ 的加入效果并不明显。

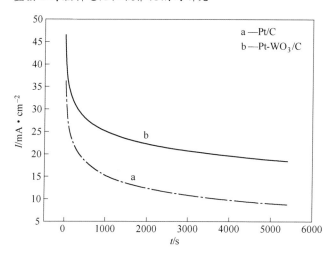

图 3-18   Pt/C 和 Pt－WO$_3$/C 电极在乙醇溶液中的计时电流曲线

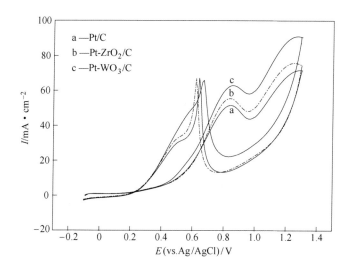

图 3-19   酸性介质中乙醇在 Pt/C、Pt－ZrO$_2$/C 和
Pt－WO$_3$/C 电极上的循环伏安曲线

图 3-20 所示为中性介质中，乙醇在 Pt/C、Pt－ZrO$_2$/C 和 Pt－WO$_3$/C 电极上的循环伏安曲线。乙醇在 Pt－ZrO$_2$/C 电极上的循环伏安曲线（如图 3-20b 所示）与在 Pt/C 电极上的循环伏安曲线（如图 3-20a 所示）几乎一致，而 Pt－WO$_3$/C 电极与 Pt/C 电极相比，峰电位有所正移，但峰电流密度

有较大幅度增加且起始氧化电位也有所负移。由图 3-20 的这些结果表明，在中性介质中 Pt – WO$_3$/C 电极也比 Pt/C 电极和 Pt – ZrO$_2$/C 电极对乙醇的催化氧化活性提高。

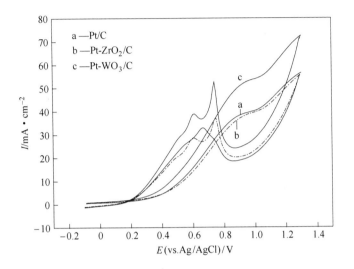

图 3-20　中性介质中乙醇在 Pt/C、Pt – ZrO$_2$/C 和
Pt – WO$_3$/C 电极上的循环伏安曲线

3.4.6　CO 在 Pt/C、Pt – ZrO$_2$/C 和 Pt – WO$_3$/C 电极上的氧化

图 3-21 所示为酸性介质中，吸附的 CO 在 Pt/C、Pt – ZrO$_2$/C 和 Pt – WO$_3$/C 电极上的线性扫描曲线。由图 3-21 可明显看出，与 Pt/C 电极相比，Pt – WO$_3$/C 电极上 CO 的氧化峰电位负移，而 Pt – ZrO$_2$/C 电极上的峰电位有一定程度的正移，这一点就说明了酸性介质中，CO 容易在 Pt – WO$_3$/C 电极上发生氧化。

图 3-22 所示为中性介质中，吸附的 CO 在 Pt/C、Pt – ZrO$_2$/C 和 Pt – WO$_3$/C 电极上的线性扫描曲线。由图 3-22 可明显看出，与 Pt/C 电极相比，Pt – WO$_3$/C 电极上 CO 的氧化峰电位负移，且负移程度比酸性介质中大，而 Pt – ZrO$_2$/C 电极上的峰电位明显正移，正移程度也比酸性介质中大，与酸性介质中得到的结论相似，在中性介质中，CO 也容易在 Pt – WO$_3$/C 电极上发生氧化，其次是在 Pt/C 电极上，不易在 Pt – ZrO$_2$/C 电极上氧化。

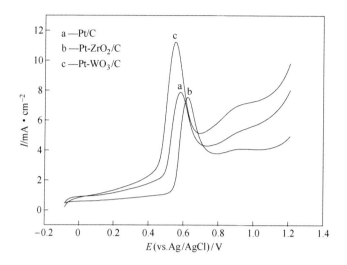

图 3-21　酸性溶液中吸附的 CO 在 Pt/C、Pt－ZrO$_2$/C 和
Pt－WO$_3$/C 电极上的线性扫描曲线

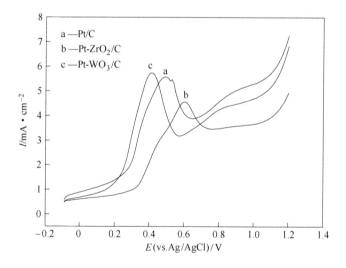

图 3-22　中性溶液中吸附的 CO 在 Pt/C、Pt－ZrO$_2$/C 和
Pt－WO$_3$/C 电极上的线性扫描曲线

　　从 3.4 节的实验结果可以看出，无论在酸性介质还是在中性介质中，
Pt－WO$_3$/C 电极都比 Pt/C 电极和 Pt－ZrO$_2$/C 电极对乙醇的催化活性提高，
而且对 CO 的氧化能力也明显提高，并且随着温度的提高，Pt 与 W 氧化物之

间的作用，对 Pt 和 CO 之间的相互作用的影响也加强，更有利于 CO 在 Pt – WO$_3$/C 电极上的氧化。

因此，WO$_3$ 的加入使 Pt – WO$_3$/C 电极对 CO 及乙醇的催化活性都明显提高。WO$_3$ 之所以提高了催化剂的活性，一方面，WO$_3$ 对乙醇在 Pt 上电氧化的助催化作用可能来源于 W 的氧化态在反应过程中的迅速转变，即氧化态在 W（Ⅳ）与 W（Ⅴ）、W（Ⅵ）之间变化，一般认为这种氧化还原作用有助于水的解离吸附，丰富催化剂表面的氧化基团，同时对吸附在 Pt 表面的质子的转移也可能有一定作用[120]；另一方面，WO$_3$ 的加入很可能提高了催化剂中 Pt 的分散度，增加 Pt 的活性表面，从而提高了催化剂在乙醇中的催化氧化能力和它在酸、碱溶液中的抗 CO 的中毒能力。

还有人认为 WO$_3$ 可能起到了一种活性载体的作用[121]，这样 Pt 上的电化学反应可以转移到 WO$_3$ 载体上进行，这种情况称为氢表面溢流效应，通过这种效应，乙醇的脱氢氧化可通过 WO$_3$ 进行，WO$_3$ 以 H$_x$WO$_3$ 的形式传递质子，使乙醇脱氢形成（CO）$_{ad}$，同时使 H$_2$O 分解形成（OH）$_{ad}$，Pt 也同时可形成（OH）$_{ad}$，从而使（CO）$_{ad}$ 在低电势下被氧化。

总之，实验结果表明，在 Pt/C 催化剂基础上加入 WO$_3$ 对该催化剂进行改性，能提高该催化剂的催化活性，该催化剂是一种有发展潜力的低温乙醇燃料电池的阳极电催化剂。

3.5 电极表面活化处理对乙醇电催化氧化的作用

3.5.1 Pt/C 电极表面活化前后对乙醇的电氧化作用

（1）酸性溶液中乙醇在 Pt/C 电极表面活化前后的循环伏安曲线。图 3-23 所示为乙醇在酸性介质中表面活化处理前后 Pt/C 电极上的循环伏安曲线。图 3-23a 所示为未经表面活化处理的 Pt/C 电极在 1.0mol/L C$_2$H$_5$OH + 0.5mol/L H$_2$SO$_4$ 溶液中的 CV 曲线。电位正扫时在 0.80V 和 1.21V 处出现两个阳极氧化峰，这是由乙醇阳极氧化引起的，峰电流密度为 29.5mA/cm^2 和 41.8mA/cm^2，当电位负扫时在 0.62V 出现一个氧化峰以及在 0.52V 出现一个宽的氧化肩峰，这被认为是电极表面氧化掉吸附物质后，负扫时乙醇以及中间产物的氧化峰。乙醇正扫的起始氧化电位约出现在 0.33V 处。

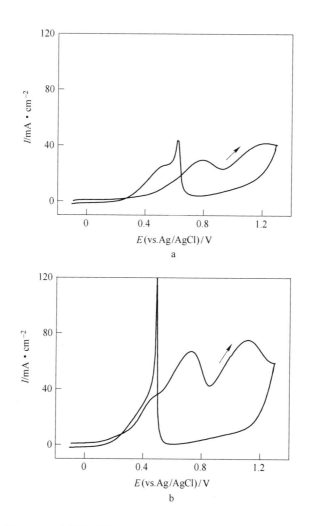

图 3-23   酸性溶液中乙醇在 Pt/C 电极上的循环伏安曲线

a—未经表面活化处理的 Pt/C 电极；b—表面活化处理后的 Pt/C 电极

图 3-23b 所示为乙醇在表面活化处理后的 Pt/C 电极上酸性介质中的 CV 曲线。从图中可以看出，表面活化处理后，电位正扫时在较低的电位 0.46V 左右出现了一个新的氧化肩峰，并且在 0.12V 就开始有比较明显的氧化电流，起始氧化电位约负移 110mV。说明电极表面活化处理后，在电极表面出现了一些新的活性位，这些活性位能够使乙醇在较低的电位下氧化。较高电位下的两个氧化峰分别出现在 0.72V 和 1.11V，比表面活化处理前的两个氧化峰分别负移了 80mV 和 100mV。峰电流密度有大幅度的提高，分别为

67.5mA/cm² 和 75.3mA/cm²，大约是未活化处理前两峰电流密度的 2.3 倍和 1.8 倍。可以看出，这两个峰中，较低电位下的峰电流密度在表面活化处理前增加的幅度更大。

（2）中性溶液中乙醇在 Pt/C 电极表面活化前后的循环伏安曲线。图 3-24a 所示为 Pt/C 电极表面活化处理前乙醇在中性溶液中的 CV 曲线。正扫方向乙醇的两个氧化峰分别出现在 0.79V 和 1.25V 处，峰电流密度分别为 19.5mA/cm² 和 32.1mA/cm²，起始氧化电位为 0.23V。图 3-24b 所示为乙醇

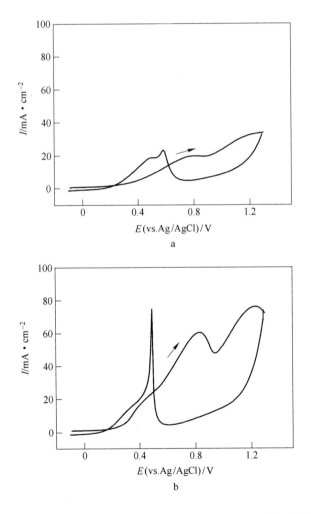

图 3-24　中性溶液中乙醇在 Pt/C 电极上的循环伏安曲线

a—未经表面活化处理的 Pt/C 电极；b—表面活化处理后的 Pt/C 电极

在表面活化处理后的 Pt/C 电极上中性溶液中的 CV 曲线。与酸性溶液中相同，也有一个新的氧化肩峰出现，在 0.4V 左右，较高电位处的两个氧化峰出现在 0.83V 和 1.23V 处，峰电流密度分别为 60.2mA/cm^2 和 76.1mA/cm^2。这两个峰中较低电位下的峰比表面处理前有 40mV 的正移，而较高电位下的氧化峰略有负移，负移了 20mV。在中性溶液表面处理后的乙醇氧化峰电流密度也有相当大幅度的提高，分别是未处理前的 3.1 倍和 2.4 倍。与酸性介质中相比，增加的幅度更大。与酸性介质中规律一致的是，都是较低电位下的氧化峰电流密度增加的幅度较大。

从以上的结果可以看出，表面经过活化处理后，无论是酸性溶液还是中性溶液中，乙醇在 Pt/C 电极上，在较低的电位处都有新的氧化肩峰出现，峰电流都有大幅度的提高，说明 Pt/C 电极表面经过活化处理后对乙醇的催化氧化活性明显提高。

（3）有机试剂处理不同时间对 Pt/C 电极的影响。图 3-25 所示为 Pt/C 电极表面处理不同时间乙醇在酸性介质中的 CV 曲线，从图中发现，有机试剂处理 5min 后，峰电流密度显著增加，起始氧化电位明显负移，有机试剂处理 10min 后，峰电流密度进一步有所增加，且第一个氧化峰电位比处理 5min 后时的提前 65.5mV，第二个氧化峰电位比处理 5min 后时的提前 77.8mV，

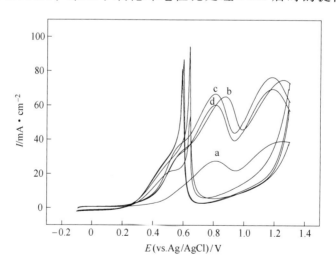

图 3-25　有机试剂处理 Pt/C 电极不同时间后乙醇的循环伏安曲线

a—未处理；b—处理 5min 后；c—处理 10min 后；d—处理 15min 后

对乙醇的氧化能力进一步增强，但处理 15min 后，峰电流密度开始下降。从图 3-26 所示，电流密度－时间曲线也可明显看出电极表面处理 5min 时，电流密度就已经有非常明显的增加，10min 时氧化电流密度进一步增加，但增加的幅度不大，15min 时电流密度开始略有下降，所以电极表面处理选择 5～10min 比较合适。

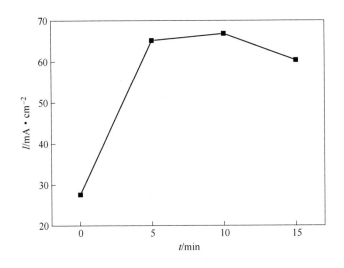

图 3-26　乙醇氧化峰电流密度随电极处理时间的变化曲线

　　电极表面活化时间短可能电极上的一些表面活性剂还没除掉，电极活性还没达到最佳状态，而时间过长，可能有损电极上催化层的紧密度，使催化剂松动甚至脱落，从而导致对乙醇的氧化能力减弱。因此，有机试剂处理电极的时间要适度。

　　（4）循环扫描活化与有机试剂表面活化处理对 Pt/C 电极的影响。图 3-27 所示为不同扫描循环后的 Pt/C 电极与表面处理后的 Pt/C 电极的循环伏安曲线。随着在空白溶液中扫描循环的增加，燃料中峰电流密度有所增加，说明扫描循环的增加能够激活 Pt/C 电极的活性，但这种方法激活电极的活性有一定的限度，在空白溶液中扫描 15 个循环、20 个循环和 25 个循环后，燃料循环伏安曲线几乎重合，峰电流密度几乎不变，说明电极的活性已经被激活到最好。当扫描循环次数增加到已不能再激活电极活性时，把这时的电极用有机试剂进行处理，发现峰电流密度又显著增加，而且起始氧化电位负移，第二个氧化峰电位也有所负移，说明此时电极的活性进一步增强。由此可知，有机试剂处理电极的方法并不是随着扫描循环次数增加的一种偶然现象，而是这种方法确实能够使电极的活性增强。

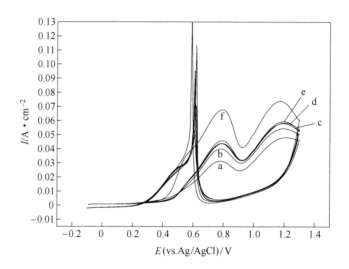

图 3-27　不同扫描循环后的 Pt/C 电极与有机试剂处理后的 Pt/C 电极上
乙醇的循环伏安曲线（空白溶液中扫速均为 80mV/s）
a—空白溶液中扫 5 个循环后；b—空白溶液中扫 10 个循环后；
c—空白溶液中扫 15 个循环后；d—空白溶液中扫 20 个循环后；
e—空白溶液中扫 25 个循环后；f—有机试剂处理后

从以上的结果可知，表面活化处理过的 Pt/C 电极对乙醇在酸性和中性溶液中的催化氧化活性均比未处理过的电极大幅度增强，主要原因是表面活化处理，可以使电极表面暴露出更多 Pt 的活性位，其中一些新的活性位，能使乙醇在较低的电位下吸附和氧化。

3.5.2　Pt – WO₃/C 电极表面活化前后对乙醇的电氧化作用

（1）酸性介质中乙醇在 Pt – WO₃/C 电极表面活化前后的循环伏安曲线。图 3-28 所示为乙醇在酸性介质中表面活化处理前后 Pt – WO₃/C 电极上的循环伏安曲线。由图 3-28 中可以看出，乙醇在表面活化处理后 Pt – WO₃/C 电极上比未经表面活化处理的电极上的峰电流密度大幅度增加，而且在 0.55V

出现一个新的氧化肩峰，起始氧化电位也明显负移，说明电极表面活化处理后，在电极表面出现了一些新的活性位，这些活性位能够使乙醇在较低的电位下氧化。

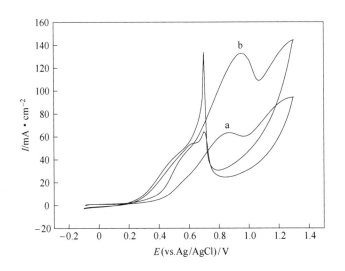

图 3-28　酸性溶液中乙醇在 Pt – WO$_3$/C 电极上的循环伏安曲线

a—未经表面活化处理；b—表面活化处理后

（2）中性介质中乙醇在 Pt – WO$_3$/C 电极表面活化前后的循环伏安曲线。图 3-29 所示为乙醇在中性介质中表面活化处理前后 Pt – WO$_3$/C 电极上的循环伏安曲线。由图 3-29 中可以看出，中性溶液中乙醇在表面活化处理后 Pt – WO$_3$/C 电极上也比未经表面活化处理的电极上的峰电流密度大幅度增加。

从以上的结果可以看出，表面经过活化处理后，无论是酸性溶液还是中性溶液中，乙醇在 Pt – WO$_3$/C 电极上，峰电流密度都有大幅度的提高，说明 Pt – WO$_3$/C 电极表面经过活化处理后对乙醇的催化氧化活性明显提高。

3.5.3　Pt – ZrO$_2$/C 电极表面活化前后对乙醇的电氧化作用

（1）酸性介质中乙醇在 Pt – ZrO$_2$/C 电极表面活化前后的循环伏安曲线。图 3-30 所示为乙醇在酸性介质中表面活化处理前后 Pt – ZrO$_2$/C 电极上的循环伏安曲线。由图 3-30 中可以看出，乙醇在表面活化处理后的 Pt – ZrO$_2$/C

电极上比未经表面活化处理的电极上的峰电流密度大幅度增加，而且在 0.55V 也出现一个新的氧化肩峰，起始氧化电位也明显负移。说明在酸性介质中，Pt – ZrO$_2$/C 电极经过表面活化处理后提高了对乙醇的催化氧化活性。

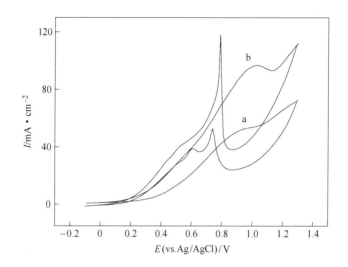

图 3-29　中性溶液中乙醇在 Pt – WO$_3$/C 电极上的循环伏安曲线

a—未经表面活化处理；b—表面活化处理后

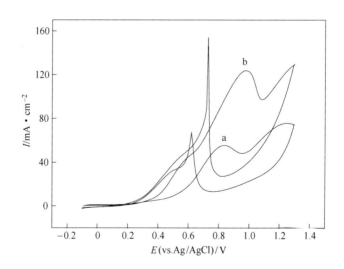

图 3-30　酸性溶液中乙醇在 Pt – ZrO$_2$/C 电极上的循环伏安曲线

a—未经表面活化处理；b—表面活化处理后

（2）中性介质中乙醇在 Pt‑ZrO$_2$/C 电极表面活化前后的循环伏安曲线。图 3‑31 所示为乙醇在中性介质中表面活化处理前后 Pt‑ZrO$_2$/C 电极上的循环伏安曲线。由图 3‑31 中可以看出，中性溶液中乙醇在表面活化处理后 Pt‑ZrO$_2$/C 电极上也比未经表面活化处理的电极上的峰电流密度大幅度增加。

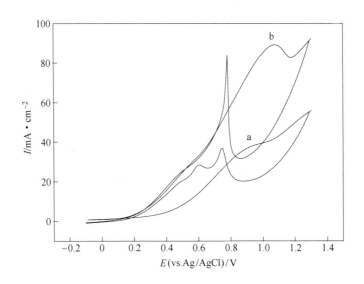

图 3‑31　中性溶液中乙醇在 Pt‑ZrO$_2$/C 电极上的循环伏安曲线

a—未经表面活化处理；b—表面活化处理后

从以上的结果可以看出，表面经过活化处理后，无论是酸性溶液还是中性溶液中，乙醇在 Pt‑ZrO$_2$/C 电极上，峰电流密度都有大幅度的提高，说明 Pt‑ZrO$_2$/C 电极表面经过活化处理后对乙醇的催化氧化活性也明显提高。

由 3.5 节结果可知，表面活化处理能够大幅度地提高 Pt/C 电极、Pt‑WO$_3$/C 电极和 Pt‑ZrO$_2$/C 电极对乙醇的催化氧化活性。其主要原因是电极制备过程中表面一些 Pt 的活性位被 Nafion 覆盖，此外 Nafion 以及一些杂质在电极的制备过程中也会堵塞一些活性炭的孔道，使一些活性的 Pt 不能参加乙醇的氧化反应。当电极表面经过活化处理后，除去电极表面的 PTFE 和 Nafion，以及堵塞活性炭孔道的物质，不仅使电极表面 Pt 充分暴露出来，而且能出现不同的活性中心，这一点可以从电极经过表面活化处理后在低电位下出现新的氧化峰得以证实。

3.6 电极表面活化处理对 CO 电催化氧化的作用

3.6.1 Pt/C 电极表面活化前后对 CO 的电氧化作用

（1）酸性溶液中 CO 在表面处理前后 Pt/C 电极上的氧化。电极表面活化处理大幅度地增加 Pt/C 电极对乙醇的电催化活性，除了上述的原因以外，另一方面也是由于表面活化处理后的电极对 CO 的氧化也有很大的促进作用。乙醇氧化的中间产物 CO，强烈吸附在电极表面，是使催化剂中毒的主要中间物种，已有很多报道[51~53]。图 3-32a 和 b 分别表示 25℃ 和 60℃ 时

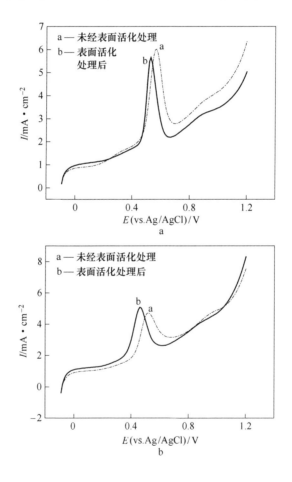

图 3-32　酸性介质中 CO 在 Pt/C 电极上的氧化

a—25℃；b—60℃

0.50mol/L H$_2$SO$_4$ 溶液中，CO 在表面处理前后 Pt/C 电极上电氧化。

图 3-32a 中曲线 a 为 25℃时，CO 在表面处理前的 Pt/C 电极上的线性扫描曲线。CO 的氧化峰出现在 0.57V，氧化峰电流为 6.0mA/cm^2，起始氧化电位约为 0.45V。图 3-32a 中曲线 b 为 CO 在 Pt/C 电极表面处理后的线性扫描曲线。与电极未活化处理前的 CO 的氧化峰相比，起始氧化电位没有什么变化。氧化峰电位出现在 0.53V，负移了 40mV。氧化峰电流为 5.6mA/cm^2，比表面处理前有所降低。说明 25℃时，酸性介质中电极表面处理后，对 CO 的吸附减弱，使吸附的 CO 容易在电极表面氧化。

图 3-32b 中曲线 a 为 60℃时，CO 在表面处理前的 Pt/C 电极上的线性扫描曲线。CO 的氧化峰出现在 0.52V，比 25℃时负移 50mV，起始氧化电位约为 0.40V，说明随着温度的升高，CO 能在较低电位下被氧化，氧化峰电流为 4.7mA/cm^2，比 25℃时降低 1.3mA/cm^2，温度升高，CO 的吸附也减弱，总之，酸性溶液中温度升高对 CO 的氧化有利。图 3-32b 中曲线 b 为 60℃时，CO 在 Pt/C 电极表面处理后的线性扫描曲线。CO 的氧化峰出现在 0.46V，起始氧化电位约为 0.35V，与电极未活化处理前相比，起始氧化电位和峰电位均明显负移，分别负移 50mV 和 60mV。说明 60℃时，酸性介质中电极表面处理后也有利于吸附的 CO 在电极表面氧化，并且负移程度比 25℃更明显，说明温度升高，电极表面的活化处理对 CO 的氧化更有利。

（2）中性溶液中 CO 在表面处理前后 Pt/C 电极上的氧化。图 3-33a 和 b 分别表示 25℃和 60℃时 0.50mol/L Na$_2$SO$_4$ 溶液中，CO 在表面处理前后 Pt/C 电极上电氧化。

图 3-33a 中曲线 a 为 25℃时，CO 在表面处理前的 Pt/C 电极上的线性扫描曲线。CO 在表面未处理前的 Pt/C 电极上的氧化峰电位为 0.46V，峰电流密度为 3.7mA/cm^2，起始氧化电位为 0.25V，比同一电极在酸性溶液中（如图 3-32a 中曲线 a 所示）氧化峰电位负移了 110mV，起始氧化电位负移了约 200mV，但氧化峰电流密度有较大程度的降低。说明 CO 在中性溶液中比在酸性溶液中在 Pt/C 电极上的吸附减弱，更容易被氧化。图 3-33a 中曲线 b 为中性溶液中 CO 在表面活化处理后 Pt/C 电极上的线性扫描曲线。CO 的氧化峰电位为 0.35V，在约 0.1V 时就有比较明显的氧化电流。与表面未处理的

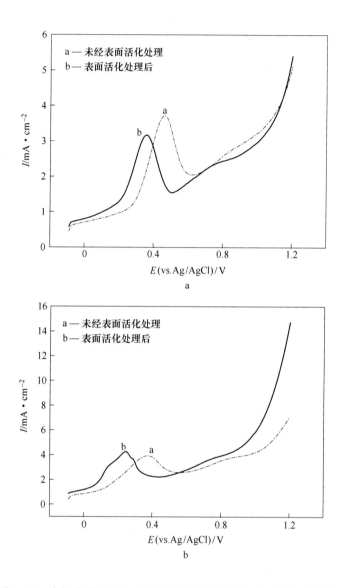

图 3-33　中性介质中 CO 在表面活化处理前后 Pt/C 电极上的氧化

a—25℃；b—60℃

Pt/C 电极相比，氧化峰电位负移 110mV，起始氧化电位也有非常明显的负移，氧化峰电流略有降低。与酸性溶液中的情况相比，在中性溶液中，CO 在表面处理后的 Pt/C 电极上的氧化，无论是氧化峰电位还是起始氧化电位，都有更大幅度的负移。

图 3-33b 中曲线 a 为 60℃时，CO 在表面处理前的 Pt/C 电极上的线性扫描曲线。CO 在表面未处理前的 Pt/C 电极上的氧化峰电位为 0.37V，起始氧化电位为 0.18V，比同一电极在 25℃时（如图 3-33a 中曲线 a）峰电位负移 90mV，起始氧化电位负移 70mV，说明在中性溶液中温度升高也对 CO 的氧化有利。图 3-33b 中曲线 b 为 60℃时，CO 在 Pt/C 电极表面处理后的线性扫描曲线。CO 的氧化峰出现在 0.24V，起始氧化电位约为 0.06V，与电极未活化处理前相比，起始氧化电位和峰电位均明显负移，分别负移 130mV 和 120mV。可见 60℃时，中性介质中电极表面处理后也有利于吸附的 CO 在电极表面氧化，并且吸收峰面积比 25℃时变宽，负移程度也比 25℃时明显，说明温度升高，电极表面的活化处理对 CO 的氧化更有利。

从图 3-32 和图 3-33 的结果可以看出，无论在酸性还是在中性溶液中，电极表面活化处理后的 Pt/C 电极对 CO 的电氧化有更好的催化活性，在中性溶液中表现得更加明显，其结果能使吸附在活性位上的 CO 在较低的电位下氧化掉，从而减少 CO 的毒化，提高了电极的抗 CO 中毒能力。

3.6.2 Pt – WO₃/C 电极表面活化前后对 CO 的电氧化作用

（1）酸性溶液中 CO 在表面处理前后 Pt – WO₃/C 电极上的氧化。图 3-34a 和 b 分别表示 25℃和 60℃时 0.50mol/L H_2SO_4 溶液中，CO 在表面处理前后 Pt – WO₃/C 电极上电氧化。

25℃（如图 3-34a 所示）时，曲线 a 为 CO 在表面处理前的 Pt – WO₃/C 电极上的线性扫描曲线。CO 的氧化峰出现在 0.54V，起始氧化电位约为 0.44V。曲线 b 为 CO 在 Pt – WO₃/C 电极表面处理后的线性扫描曲线。与电极未活化处理前的 CO 的氧化峰相比，起始氧化电位约为 0.36V，负移 80mV，氧化峰电位出现在 0.47V，负移了 70mV。峰电位和起始氧化电位均明显负移，说明 25℃时，酸性介质中电极表面处理后，吸附的 CO 容易在电极表面氧化。

60℃（如图 3-34b 所示）时，曲线 a 为 CO 在表面处理前的 Pt – WO₃/C 电极上的线性扫描曲线。CO 的氧化峰出现在 0.49V，起始氧化电位约为 0.37V。曲线 b 为 CO 在 Pt – WO₃/C 电极表面处理后的线性扫描曲线。与电极未活化处理前的 CO 的氧化峰相比，起始氧化电位约为 0.26V，负移 110mV，氧化峰电位出现在 0.42V，负移了 70mV。峰电位和起始氧化电位均明显负移，说明 60℃时，酸性介质中电极表面处理后，吸附的 CO 也容易在电极表面氧化。

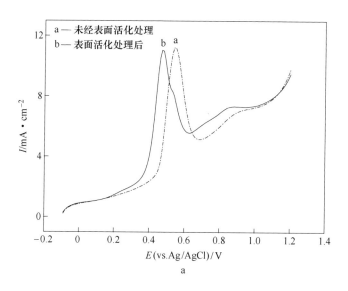

a

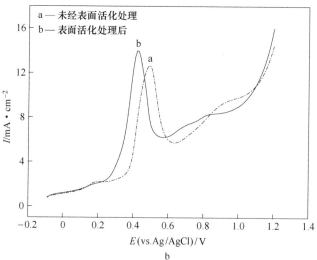

b

图 3-34 酸性介质中 CO 在表面活化处理前后 Pt－WO₃/C 电极上的氧化

a—25℃；b—60℃

（2）中性溶液中 CO 在表面处理前后 Pt – WO$_3$/C 电极上的氧化。图 3-35a 和 b 分别表示 25℃ 和 60℃ 时 0.50mol/L Na$_2$SO$_4$ 溶液中，CO 在表面处理前后 Pt – WO$_3$/C 电极上电氧化。

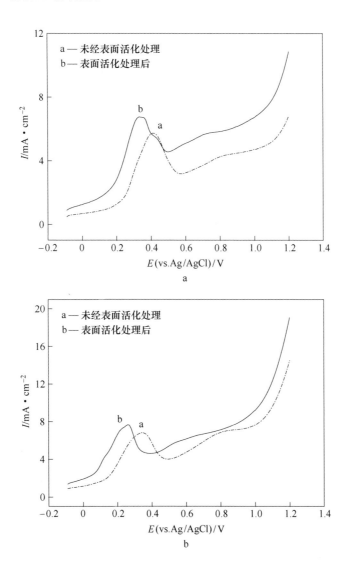

图 3-35 中性介质中 CO 在表面活化处理前后 Pt – WO$_3$/C 电极上的氧化

a—25℃；b—60℃

25℃（如图 3-35a 所示）时，曲线 a 为 CO 在表面处理前的 Pt – WO$_3$/C 电极上的线性扫描曲线。CO 的氧化峰出现在 0.41V，起始氧化电位约为

0.25V。曲线 b 为 CO 在 Pt – WO_3/C 电极表面处理后的线性扫描曲线。与电极未活化处理前的 CO 的氧化峰相比，起始氧化电位约为 0.18V，负移70mV，氧化峰电位出现在 0.34V，负移了 70mV。峰电位和起始氧化电位均明显负移，说明 25℃时，中性介质中电极表面处理后，吸附的 CO 容易在电极表面氧化。

60℃（如图 3-35b 所示）时，曲线 a 为 CO 在表面处理前的 Pt – WO_3/C电极上的线性扫描曲线。CO 的氧化峰出现在 0.35V，起始氧化电位约为0.13V。曲线 b 为 CO 在 Pt – WO_3/C 电极表面处理后的线性扫描曲线。与电极未活化处理前的 CO 的氧化峰相比，起始氧化电位约为 0.06V，负移70mV，氧化峰电位出现在 0.26V，负移了 90mV。峰电位和起始氧化电位均明显负移，说明 60℃时，中性介质中电极表面处理后，吸附的 CO 也容易在电极表面氧化。

从 3.6.2 节的结果可知，无论在酸性还是在中性溶液中，表面活化处理过的 Pt – WO_3/C 电极对 CO 的催化氧化活性都比没处理过的 Pt – WO_3/C 电极显著增强。

3.6.3 Pt – ZrO_2/C 电极表面活化前后对 CO 的电氧化作用

（1）酸性溶液中 CO 在表面处理前后 Pt – ZrO_2/C 电极上的氧化。图 3-36所示表示 25℃时，0.50mol/L H_2SO_4 溶液中，CO 在表面处理前后 Pt – ZrO_2/C电极上电氧化。曲线 a 为 CO 在表面处理前的 Pt – ZrO_2/C 电极上的线性扫描曲线，CO 的氧化峰出现在 0.61V，起始氧化电位约为 0.52V。曲线 b 为 CO在 Pt – ZrO_2/C 电极表面处理后的线性扫描曲线，出现两个氧化峰，分别在0.50V 和 0.56V，与电极未活化处理前的 CO 的氧化峰相比，分别负移110mV 和 50mV，起始氧化电位约为 0.36V，负移 160mV，峰电位和起始氧化电位均大幅度负移，说明 25℃时，酸性介质中电极表面处理后，吸附的CO 容易在 Pt – ZrO_2/C 电极表面氧化。

（2）中性溶液中 CO 在表面处理前后 Pt – ZrO_2/C 电极上的氧化。图 3-37所示表示 25℃时，0.50mol/L Na_2SO_4 溶液中，CO 在表面处理前后 Pt – ZrO_2/C电极上电氧化。曲线 a 为 CO 在表面处理前的 Pt – ZrO_2/C 电极上的线性扫描

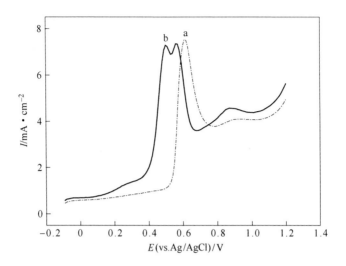

图 3-36 酸性介质中 CO 在表面活化处理前后 Pt – ZrO$_2$/C 电极上的氧化

a—未经表面活化处理；b—表面活化处理后

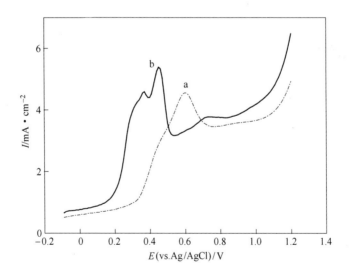

图 3-37 中性介质中 CO 在表面活化处理前后 Pt – ZrO$_2$/C 电极上的氧化

a—未经表面活化处理；b—表面活化处理后

曲线，氧化峰电位出现在 0.59V，起始氧化电位为 0.35V。曲线 b 为 CO 在表面活化处理后 Pt – ZrO$_2$/C 电极上的线性扫描曲线，同酸性溶液一样，也出现两个氧化峰，分别在 0.37V 和 0.45V，起始氧化电位约出现在 0.19V，与表面未处理的 Pt – ZrO$_2$/C 电极相比，氧化峰电位分别负移 220mV 和 140mV，起始氧化电位也有非常明显的负移，说明中性溶液中，Pt – ZrO$_2$/C 电极经过表面处理后，CO 更容易氧化，电极的抗毒性能增强。

由图 3-36 和图 3-37 的结果可知，无论在酸性还是在中性介质中，Pt – ZrO$_2$/C 电极经过表面活化处理后，都出现两个吸收峰，说明活化使 CO 有两种吸附形式，改变了以前单一的吸附形式，表面处理使 CO 的峰位置大大负移，而且比 Pt/C 电极和 Pt – WO$_3$/C 电极负移程度还大，说明表面活化更有利于 Pt – ZrO$_2$/C 电极上 CO 的氧化。

综合 3.5 节和 3.6 节结果可知，表面活化处理使乙醇无论在酸性还是中性溶液中，在 Pt/C 电极、Pt – WO$_3$/C 电极和 Pt – ZrO$_2$/C 电极上峰电流密度都大幅度提高，而且 CO 的氧化峰也都明显负移，由此说明表面活化处理电极的方法能使乙醇的氧化能力大大提高，也使吸附的 CO 更容易氧化除掉。其主要原因是电极制备过程中表面一些 Pt 的活性位被 PTFE 乳液中的一些表面活性剂覆盖，此外一些杂质在电极的制备过程中也会堵塞一些活性炭的孔道，使一些活性的 Pt 不能参加乙醇的氧化反应。当电极表面经过活化处理后，能使电极表面 Pt 充分暴露出来，而且能出现不同的活性中心，新的活性位的出现能使吸附的 CO 在较低的电位下氧化掉，从而减少 CO 的毒化，提高了电极的抗 CO 中毒能力。因此，表面活化处理电极的方法是一种实用有效的提高催化剂性能的方法。

3.7 催化剂表征

（1）Pt/C、Pt – WO$_3$/C 和 Pt – ZrO$_2$/C 催化剂结晶度的 XRD 分析。不同催化剂合成的 XRD 谱图如图 3-38 所示。由图 3-38 可见，从 Pt/C 催化剂和 Pt – WO$_3$/C 催化剂中 Pt 的结晶度比较可以看出，Pt – WO$_3$/C 催化剂中 Pt 的结晶度要略低于 Pt/C 催化剂的。

（2）扫描电子显微镜（SEM）的表面分析。图 3-39 所示为 Pt/C、Pt – WO$_3$/C 和 Pt – ZrO$_2$/C 催化剂的 SEM 照片。从图 3-39 可知，催化剂的分散度较好，但也有局部聚集的现象。

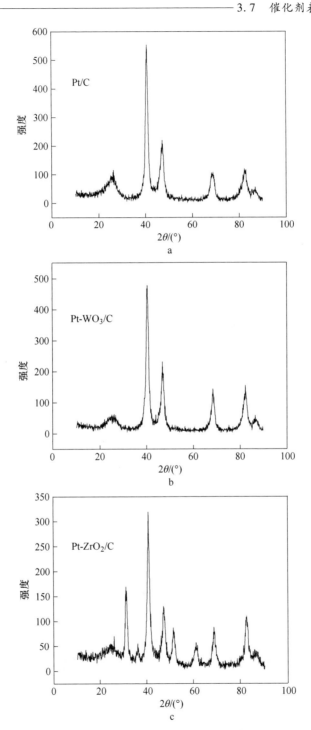

图 3-38　Pt/C、Pt－WO₃/C 和 Pt－ZrO₂/C 催化剂合成的 XRD 谱图

a—Pt/C；b—Pt－WO₃/C；c—Pt－ZrO₂/C

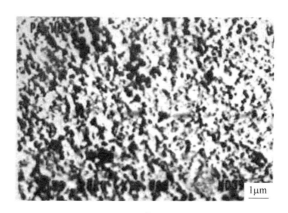

a

b

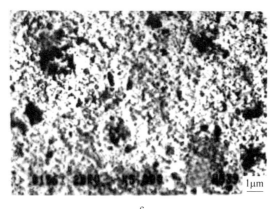

c

图 3-39   不同催化剂的 SEM 照片

a—Pt/C；b—Pt–WO$_3$/C；c—Pt–ZrO$_2$/C

3.8 小结

（1）乙醇在光滑 Pt 电极和 Pt/C 电极上的电氧化性质随酸度、扫速、浓度和温度的变化而不同。乙醇氧化峰电流密度随酸度、扫速、温度、浓度的增加而增加。

（2）不同方法制备的 Pt/C 催化剂对乙醇的电氧化作用不同。无论在酸性介质还是在中性介质中，2.3.1 节中方法 3 制备的催化剂对乙醇的氧化峰电流密度远远高于方法 1 和方法 2 制备的催化剂。说明方法 3 是一种比较好的 Pt/C 催化剂的制备方法。

（3）无论在酸性介质还是中性介质中，乙醇在 Pt–WO$_3$/C 电极上的氧化电流都比 Pt/C 电极上的大，说明 Pt–WO$_3$/C 电极比 Pt/C 电极对乙醇的氧化有更好的催化活性。Pt–WO$_3$/C 电极比 Pt/C 电极对 CO 的氧化能力也明显提高。Pt–ZrO$_2$/C 与 Pt/C 催化剂相比，对酸性介质中的乙醇氧化略有提高，而在中性介质中没有明显的影响。说明此种方法制备的 Pt–ZrO$_2$/C 催化剂对乙醇电氧化的促进作用不大。

（4）无论在酸性还是中性溶液中，表面活化处理后的 Pt/C 电极和 Pt–WO$_3$/C 电极对乙醇的催化氧化活性均比表面活化处理前的电极大幅度增强；表面活化处理后的 Pt/C 电极和 Pt–WO$_3$/C 电极也有利于 CO 的氧化，无论是 25℃ 还是 60℃，CO 的氧化峰电位都明显负移，而且 60℃ 时负移程度更为显著，说明温度升高，电极表面的活化处理对 CO 的氧化更有利。

（5）无论是酸性还是中性溶液中，乙醇在表面活化处理后的 Pt–ZrO$_2$/C 电极上的氧化峰电流密度都有大幅度的提高，CO 在 Pt–ZrO$_2$/C 电极上的氧化，出现两个氧化峰，说明 CO 在活化处理后的 Pt–ZrO$_2$/C 电极上有两种吸附形式。CO 的氧化峰电位有较大程度的负移，比活化处理前后在 Pt/C 电极和 Pt–WO$_3$/C 电极上的负移程度大，说明表面活化更有利于 CO 在 Pt–ZrO$_2$/C 电极上的氧化。

（6）通过 XRD 和 SEM 分析，分别对 Pt/C、Pt–WO$_3$/C 和 Pt–ZrO$_2$/C 催化剂进行了表征，证明用文中的方法可以从氯铂酸中还原出单质 Pt，Pt–WO$_3$/C 催化剂中 Pt 的结晶度要略低于 Pt/C 催化剂中 Pt 的结晶度。

4 基于氧化铜薄膜的葡萄糖电催化氧化研究

4.1 引言

甲醇和乙醇燃料电池的研究已经趋于成熟，葡萄糖是自然界中含量丰富的碳水化合物之一，其来源广泛，酿酒、造纸以及人体内都含有葡萄糖，是一种廉价、无毒和可再生的绿色能源。葡萄糖因其完全氧化有 24 个电子的转移，具有较高的理论能量值（大约 6100W·h/kg），所以葡萄糖的电催化氧化可应用于一种燃料电池的燃料和葡萄糖传感器中。但在实际应用中，其构成的直接葡萄糖燃料电池（DGFC）所产生的电流密度却不如直接甲醇和乙醇燃料电池的高。葡萄糖 $C_6H_{12}O_6$ 分子中含有多个—OH、—CHO 官能团及 C＝C 双键，从而使其电催化氧化的机理复杂，动力学过程缓慢，从而还没有投入到实际应用中[122~124]。但其生物相容性好，其研究可为植入人体的人造器官或生物传感器提供所需能量，有望应用于小型可移动电源和可植入医疗设备方面。

4.1.1 葡萄糖氧化反应机理

燃料电池是通过阳极和阴极中燃料和氧化剂的电化学反应产生有实际应用的电能。阳极燃料电氧化时释放电子，这些电子通过阳极外部负载电路到达阴极，并与阴极氧气发生还原反应，所产生的电压就是阳极和阴极氧化还原对之间的电势差。理论上，葡萄糖可以完全氧化成水和二氧化碳，每分子 $C_6H_{12}O_6$ 释放 24 个电子，其氧化的途径和中间反应产物的概述如下所示：

阴极反应：　　　　$6O_2 + 12H_2O + 24e^- \longrightarrow 24OH^-$

阳极反应： $C_6H_{12}O_6 + 24OH^- \longrightarrow 6CO_2 + 18H_2O + 24e^-$

总反应： $C_6H_{12}O_6 + 6O_2 \longrightarrow 6CO_2 + 6H_2O$

这是理想状态，但实际上不能完全进行反应，只有部分葡萄糖完成了氧化。

4.1.2 葡萄糖氧化反应催化剂的研究

目前，葡萄糖氧化所用的阳极催化剂通常有以下三种：

（1）酶生物燃料电池：采用葡萄糖氧化酶和漆酶为催化剂。

（2）微生物燃料电池：采用具有电活性的微生物作为催化剂。

（3）非生物催化燃料电池：采用不具有生物活性的催化剂，如金属、金属氧化物、碳等材料为催化剂。

目前，阻碍葡萄糖燃料电池实际应用的最大问题就是缺乏高效的葡萄糖氧化反应的催化剂，起初研究的酶和微生物催化剂因其易失活、操作复杂的原因而受到限制，从而开发无酶的、催化活性高的新型的非生物催化剂十分有意义，且受到广泛关注。其中，贵金属 Pt、Pd 基等催化剂是醇类燃料电池中较为常见的阳极催化剂材料。Basu 等人制备了 Pt - Ru/C 催化剂并将其应用于葡萄糖电催化氧化[125]，实验表明，该电极电流密度随葡萄糖浓度的增加而先增大后减小，电流密度最高为 2.55mA/cm^2，Pt - Ru/C 催化剂比 Pt/C 催化剂抗 CO 中毒能力好。Xiao 等人采用电沉积的方法制备了离子液体修饰的多壁碳纳米管负载的 PtM/CNT（M = Ru、Pd、Au）催化剂，并将其应用于无酶葡萄糖传感器[126]。结果表明，双金属修饰催化剂的催化性能高于单金属催化剂的性能。Jin 等人[127]还研究了葡萄糖在金铂纳米复合颗粒和铂修饰的金电极的电催化氧化，结果表明，金和铂在葡萄糖电催化氧化脱氢过程中都起到了一定的作用，并且金还可使在反应中中毒的铂重新获得催化活性。Mallouk 等人[128]研究了中性条件下，葡萄糖在 Pt - Pb 合金催化剂上的电催化氧化能力，结果显示，Pt - Pb 催化剂比纯铂电极稳定性和电流响应均有提高。Cui 等人[129]采用电沉积的方法将 Pt - Pb 合金的纳米颗粒修饰到多壁碳纳米管上而形成 Pt - Pb/MWCNT 电极，该电极在中性和碱性条件下对葡萄糖均有高的催化活性。Chen 等人[131]采用多元醇的方法制备出炭黑负载的

PdBi/C 催化剂，并考察金属 Bi 的加入对催化剂在葡萄糖的电催化氧化中的作用。Brouzgou 等人[131]采用微波辅助多元醇法制备了 Pd/Sn 催化剂并考察其对葡萄糖电催化氧化的影响，结果表明，Sn 的加入可明显提高催化剂的催化活性。Sood 等人[132]考察了 Pt – Au/C 和 Pt – Bi/C 两种催化剂对葡萄糖的电催化性能的影响，结果表明，Pt – Bi/C 催化剂最大功率密度高，而 Pt – Au/C 催化剂初始电位更负，使反应更容易进行。此外，贵金属基催化剂中还有 PtRu[133]、PtRuMo[134]等合金催化性能较好。

但是，由于贵金属 Pt、Pd 等含有 d 电子轨道，随着反应的进行，电极会因吸附葡萄糖酸或含碳氧化物等中间产物而使催化剂失活，并且价格贵，从而限制了贵金属电极材料的应用。与贵金属电极相比，利用过渡金属（铜和镍）及其氧化物作为葡萄糖电催化氧化的电极，可以直接用恒电位计时电流法检测溶液中的葡萄糖，且电极材料的价格低、稳定性好[135～141]。在这两种过渡金属中，铜基电极比镍基电极的响应范围宽、灵敏度和稳定性高，容易通过简单的化学反应衍生为其他薄膜，由于这些具有不同晶体形貌的铜及其氧化物薄膜可以赋予电极不同的电催化性能，并且可以为构建出高效、灵敏的无酶葡萄糖传感器提供更多的选择材料。

目前，制备氢氧化铜、氧化铜以及单质铜等纳米材料的方法有微波合成法[142]、电化学沉积法[143]、无线电频率溅射法[144]、液相法[145]、水热法[146]等，与其他铜基材料相比，氧化铜材料因其温度、化学稳定好以及优良的电催化性能而被广泛研究。例如，CuO 和碳纳米管复合材料[147～149]，该类催化剂不仅具有碳纳米管的高比表面积和良好的电子传导能力，而且还具有 CuO 纳米材料高的电催化性能，因此，该类复合材料可明显提高葡萄糖生物传感器的性能。为进一步提高性能，各种结构的氧化铜粉体材料应运而生[150～153]。但粉体材料制备成电极通常是先制备出粉体材料，再通过滴涂的方法将其修饰到电极表面。由于在滴涂法制备薄膜过程中产生的一些不利因素（如薄膜分布不均匀及薄膜易脱落等问题），致使基于此法制备的电极稳定性差，在一定程度上限制了无酶葡萄糖传感器的实际应用。为解决此问题，许多研究者在基底上直接制备出 CuO 薄膜[154～157]，但仍需要简化步骤制备出具有新型结构高催化活性的 CuO 薄膜，以期进一步提高葡萄糖传感器的性能。电化学沉积法和化学浴沉积法具有设备简单、容易操作、成本低、环境友好、所得薄膜与基底结合能力强、可在常温常压下操作并在复杂的衬底生长等优点，因此适合于大规模工业生产，具有重要的应用价值[158~160]。本章以天然有机小分子葡萄糖为研究对象，不同实验方法制备的氧化铜薄膜为催化剂，研究他们对葡萄糖电催化氧化的能力。

4.2　化学浴沉积制备多孔结构 CuO 纳米片薄膜及其对葡萄糖的电催化氧化

近来，为了避免粉体材料在制备电极上的不足，多种结构的 CuO 薄膜研究应运而生，例如，在铜箔表面制备出纳米片[161]、纳米带[162]、纳米墙[163]等结构的 CuO 薄膜，但较少有以导电玻璃 ITO 基底的报道[164]。在这里，我们通过简单的化学浴[165]方法在 ITO 基底上合成具有多孔结构的 CuO 薄膜。据文献调查，该结构尚未报道，并且该薄膜还可应用到葡萄糖的检测中。

4.2.1　实验部分

4.2.1.1　试剂及仪器

（1）五水硫酸铜（$CuSO_4 \cdot 5H_2O$）：北京化工厂产品，分析纯；

（2）氨水（$NH_3 \cdot H_2O$）：北京化工厂产品，分析纯；

（3）ITO 导电玻璃（CH_3COOH）；

（4）D-葡萄糖（$C_6H_{12}O_6$）：北京化工厂产品，分析纯；

（5）氢氧化钠（NaOH）：北京化工厂产品，分析纯；

（6）氯化钠（NaCl）：北京化工厂产品，分析纯；

（7）抗坏血酸 AA（$C_6H_8O_6$）：北京化工厂产品，分析纯；

（8）尿酸 UA（$C_5H_4N_4O_3$）：北京化工厂产品，分析纯；

（9）醋氨酚 AP（$C_8H_9NO_2$）：北京化工厂产品，分析纯；

（10）二次蒸馏水：实验室自制；

（11）电解池：自制；

（12）马弗炉；

（13）水浴锅；

（14）电化学工作站（CHI－630）：上海辰华仪器公司。

4.2.1.2　表征方法

（1）X 射线衍射（X-ray diffraction，XRD）测试采用 Rigaku D/max-Ⅲ B 型衍射仪，Cu K_α（$\lambda = 0.15406\text{nm}$）靶。通过对样品的衍射峰的位置和强度进行归一化后与标准粉末衍射 PDF 卡片 JCPDS（Joint Committee on Powder Diffraction Standards）进行比较可以获得样品的晶相，从而实现样品的定性分析。

（2）扫描电子显微镜（Scanning Electron Microscope，SEM）测试采用 HITACHI S-4800 型仪器进行样品形貌的分析。

4.2.1.3　多孔结构氧化铜纳米片薄膜的制备

采用化学浴的沉积方法，首先配置好 $0.1\text{mol/L CuSO}_4 + \text{NH}_3 \cdot \text{H}_2\text{O}$ 的溶液，pH = 10；然后将 ITO 基片放入该溶液中，并控制反应温度为 80℃，沉积时间 15min，从而得到多孔结构的氧化铜纳米片薄膜。沉积之后，用大量二次水冲洗薄膜，室温干燥即可后续使用。为了调查热处理对薄膜电催化葡萄糖性能的影响，取四个样品进行不同温度的热处理，分别在室温、200℃、300℃和 400℃热处理 2h。

4.2.1.4　多孔结构氧化铜薄膜修饰 ITO 电极的电化学性能测试

CuO/ITO 电极对葡萄糖电化学性能测试是在 CHI760 电化学工作站上实现的，采用三电极体系，自制的 CuO/ITO 电极为工作电极，铂片为对电极，Ag/AgCl 电极为参比电极。采用循环伏安法（CVs）和恒电位安培检测法就电极对葡萄糖的催化性能进行了分析，背底溶液为 0.1mol/L NaOH 溶液。所有检测均在室温下进行，所有的背景溶液在实验前均需通入高纯度的氮气除氧 15min 以上，并在实验过程中仍维持氮气气氛。

4.2.2　反应温度对薄膜样品的影响

图 4-1 所示为所制备薄膜的 SEM 图片。从低分辨 SEM 图（如图 4-1a 所

示）可以看出 ITO 基片表面均匀地覆盖 CuO 纳米片团簇，而从高分辨 SEM 图（如图 4-1b 所示）可以清晰地发现所有的纳米片上都有许多孔隙结构，该结构可以提高表面积，有利于催化反应性能的提高。

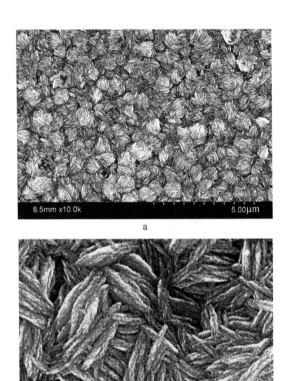

图 4-1　不同分辨率下薄膜样品的 SEM 图片
a—低分辨；b—高分辨

　　图 4-2 所示为化学浴所制备的薄膜及经过煅烧处理后所得薄膜样品的 XRD 谱图。其中，a 为 ITO 基底，b 为化学浴沉积所得薄膜，c ~ e 为所得薄膜样品分别经过 200℃、300℃、400℃的热处理。从图中可以看出，除了 ITO 的衍射峰以外，其他薄膜样品的衍射峰均在 35.5°和 38.7°，这些特征峰分别对应于氧化铜的（002）和（111）晶面，可判断出电沉积所得薄膜为 CuO 薄膜。并且，从图中还可以看出，经过煅烧的 CuO 薄膜结晶度提高。

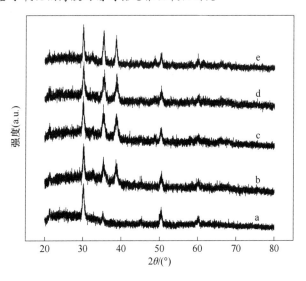

图 4-2　不同热处理所得薄膜样品的 XRD 谱图

a—ITO 基片；b—未经热处理的样品；c—200℃，d—300℃；e—400℃

4.2.3　多孔片层结构 CuO 薄膜电极电催化葡萄糖性能的研究

图 4-3 所示为未经热处理所得 CuO 薄膜修饰的 ITO 电极对葡萄糖的循环伏安曲线。曲线 a 为空白溶液（0.1mol/L NaOH），曲线 b 为加入 1.0mmol/L 葡萄糖的溶液，从图中我们发现，加入葡萄糖后并没有出现氧化峰，说明未经热处理的 CuO/ITO 电极对葡萄糖没有电催化能力。

图 4-4 所示为经过热处理所得 CuO 薄膜修饰的 ITO 电极对葡萄糖的循环伏安曲线。图中虚线均为空白溶液（0.1mol/L NaOH），实线为加入 1.0mmol/L 葡萄糖。曲线 a~c 分别为经过 200℃、300℃、400℃ 的热处理。从图中可以看出，经过热处理所得的 CuO/ITO 电极均对葡萄糖有明显的电催化性能（从峰电流密度均明显升高得出），经过 200℃（曲线 a）和 300℃（曲线 b）热处理样品的峰电位为 0.47V，而经过 400℃（曲线 c）热处理的样品的峰电位为 0.55V，经过 200℃ 和 300℃ 热处理样品氧化峰电位明显比 400℃ 热处理的样品负移，大约负移 80mV，说明经过 200℃ 和 300℃ 热处理样品比经过 400℃ 热处理的样品对葡萄糖更容易发生氧化。从氧化峰电流密度可以看出，经过 200℃ 热处理的样品比经过 300℃ 的要明显提高，说明经过 200℃ 热处理

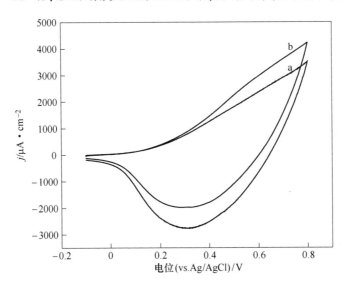

图 4-3 未经煅烧处理所得 CuO 薄膜修饰的 ITO 电极对葡萄糖

电催化的循环伏安曲线 （扫速为 50mV/s）

a—空白溶液；b—1.0mmol/L 葡萄糖

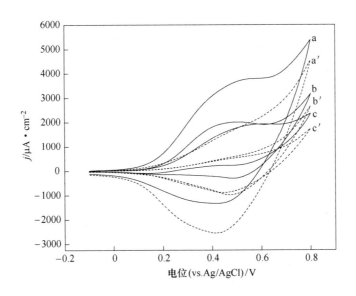

图 4-4 不同煅烧温度所得 CuO 薄膜修饰的 ITO 电极对葡萄糖

（1.0mmol/L） 电催化的循环伏安曲线

（虚线为空白溶液，实线为加入葡萄糖的溶液，扫速为 50mV/s）

a, a′—200℃；b, b′—300℃；c, c′—400℃

的 CuO/ITO 电极对葡萄糖的电催化性能最好（曲线 a）。其主要原因可能是 200℃热处理的 CuO 薄膜电极与葡萄糖之间的电子转移速率高。为了比较电子转移速率，我们进行了电子阻抗（EIS）实验，实验结果如图 4-5 所示。图 4-5a～d 分别为未经过热处理、经过 200℃、300℃、400℃热处理的样品。从图中可以看出，曲线的半径由大到小的顺序为 a > d > c > b，说明 CuO 薄膜电极的电子转移能力为 a < d < c < b，正好与葡萄糖电催化能力的大小顺序一致。由此可见，经过 200℃热处理的 CuO 薄膜电极电子转移能力好于其他温度热处理的样品，其对葡萄糖的电催化性能更好。

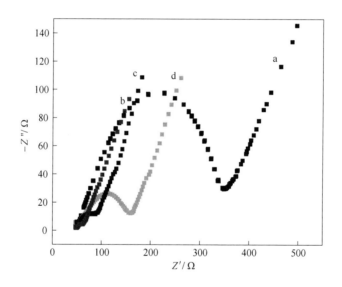

图 4-5　不同煅烧温度所得 CuO 薄膜修饰的 ITO 电极的电子阻抗曲线

(0.1mol/L KCl + 1.0mmol/L $\left[Fe(CN)_6 \right]^{4-/3-}$，频率范围为

0.01Hz～100kHz，幅度为 0.005V)

a—未经热处理；b—200℃；c—300℃；d—400℃

经上述实验结果可知，电沉积所得的 CuO 薄膜经过 200℃热处理而制备的 CuO 薄膜修饰的 ITO 电极对葡萄糖的电催化性能最好。因此，我们详细研究了该电极在不同扫速下，葡萄糖的氧化峰电流密度的循环伏安曲线，如图 4-6 所示。从图 4-6 中我们可以看出，峰电流密度随着扫速的增加而增大，而且，峰电流密度值与扫速的平方根成正比，如图 4-6 插图所示，可见，该薄膜电极的电催化反应为扩散控制。

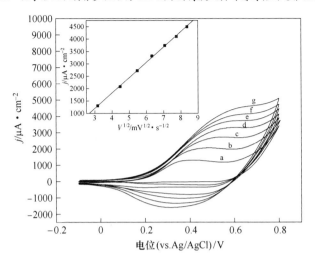

图 4-6 不同扫速下经过 200℃热处理所得的 CuO/ITO 电极的循环伏安曲线

a—10mV/s；b—20mV/s；c—30mV/s；d—40mV/s；e—50mV/s；f—60mV/s；g—70mV/s

该电极对葡萄糖的氧化峰电流密度与浓度的循环伏安曲线，如图 4-7 所示。从图 4-7 中我们可以看出，峰电流密度随着葡萄糖浓度的增加而增大，说明该电极对葡萄糖的浓度响应灵敏，该电极可应用于葡萄糖的定量分析。

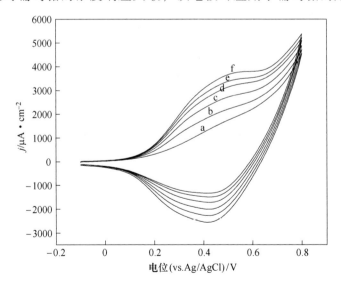

图 4-7 不同浓度葡萄糖在经过 200℃热处理所得的 CuO/ITO 电极的
循环伏安曲线（扫速均为 50mV/s）

a—0；b—0.2mmol/L；c—0.4mmol/L；d—0.6mmol/L；e—0.8mmol/L；f—1.0mmol/L

4.2.4 电分析应用

以上实验结果表明：经过 200℃热处理的多孔片层结构 CuO/ITO 电极可能用于无酶葡萄糖传感器。

（1）最佳电位的选择。我们考察了经过 200℃热处理的 CuO/ITO 电极的最佳工作电位。图 4-8 所示为该电极在 0.1mmol/L 葡萄糖 + 0.1mol/L NaOH 溶液中的催化电流及信背比随电位变化的关系曲线。为了使传感器有较好的灵敏度，通常选择信背比最大时所对应的电位为最佳电位，由图中可知 + 0.35 V 时信背比达到最大，所以选择 + 0.35 V 为最佳工作电位，该值比文献报道的其他 CuO 电极的最佳工作电位（例如： + 0.48 V[164]、 + 0.50 V[161,166~167]、 + 0.60 V[168~172]）均负，说明该球形团簇结构 CuO/ITO 电极比一些文献报道的 CuO 基电极对葡萄糖有更优的电催化活性，更有利于无酶葡萄糖传感器的构建。

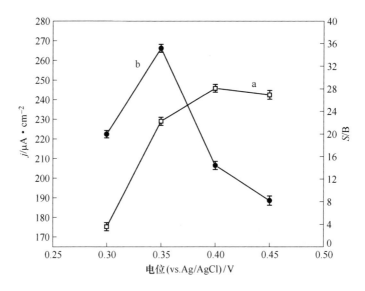

图 4-8 经过 200℃热处理的多孔片层结构 CuO/ITO 电极对葡萄糖的氧化
电流密度（a）及信背比（b）随电位变化的关系曲线

（2）恒电位安培法。我们考察了 200℃热处理的多孔片层结构 CuO/ITO 电极在最佳工作条件下（0.1mol/L NaOH 底液，工作电压为 0.35V），连续加入不同浓度的葡萄糖时的稳态电流 – 时间响应曲线，如图 4-9 所示。由图

4-9 可知，该电极达到响应电流 95% 时所需要的时间为 4s 内，说明该电极对葡萄糖的响应比较灵敏。同时，测定了该电极对不同浓度的葡萄糖的稳态电流，得到其校准曲线，如图 4-9d 所示。由图可知，线性范围为 $2.0 \times 10^{-6} \sim 6.0 \times 10^{-4}$ mol/L，线性方程为 $Y = 1.40175 + 2272.63877X$，相关系数为 0.9985。由线性方程可知，该传感器的灵敏度为 $2272.63877 \mu A/(mM \cdot cm^2)$，高于大多文献报道的基于 CuO 电极的葡萄糖传感器的灵敏度[164,166,167,172,173]，说明该多孔层状结构 CuO/ITO 电极是构建无酶葡萄糖传感器的优良可选电极材料。

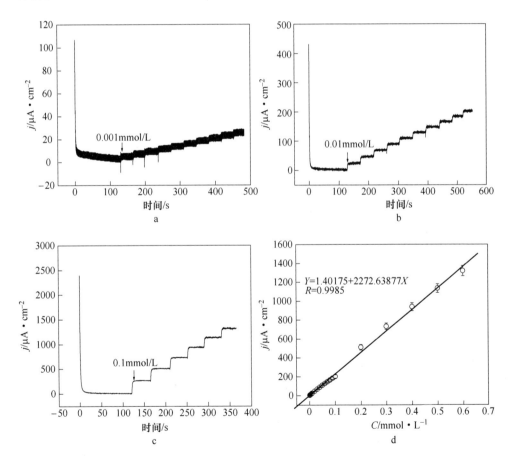

图 4-9 经过 200℃ 热处理的球形团簇结构 CuO/ITO 电极对连续加入不同浓度的

葡萄糖时的稳态电流 – 时间响应曲线（底液为 0.1mol/L NaOH，工作电压为 0.35V）

a—0.001mmol/L；b—0.01mmol/L；c—0.1mmol/L；d—不同浓度的葡萄糖稳态电流的校准曲线

（3）葡萄糖传感器的选择性测试。作为一个可应用于实际的传感器，优良的选择性至关重要。在实际的生物样本（例如：人的血液）中，抗坏血酸（AA）、尿酸（UA）和醋氨酚（AP）通常与葡萄糖共存，是三种主要的干扰物质。因此，我们考察了该多孔层状结构 CuO/ITO 电极在最佳工作条件（0.1mol/L NaOH 底液，+0.35V）下，分别检测了 0.01mmol/L 抗坏血酸（AA）、0.01mmol/L 尿酸（UA）、0.01mmol/L 醋氨酚（AP）和 0.1mmol/L 氯化钾（KCl）这四种主要的干扰物质对 0.1mmol/L 葡萄糖的响应电流的影响，实验结果如图 4-10 所示。由图可知，这几种干扰物基本不影响对葡萄糖的响应，说明该多孔层状结构 CuO/ITO 电极具有良好的选择性。

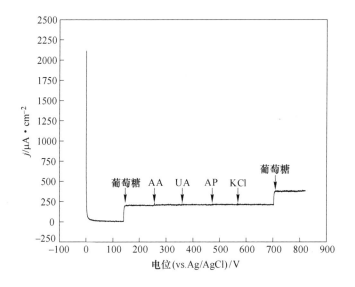

图 4-10　干扰物（0.01mmol/L AA、0.01mmol/L UA、0.01mmol/L AP 和
0.1mmol/L KCl）对 0.1mmol/L 葡萄糖的稳态电流 – 时间响应曲线
（底液为 0.1mol/L NaOH，工作电压为 0.35V）

4.2.5　小结

本节通过简单的化学浴方法制备出具有多孔片层结构的 CuO 薄膜修饰的 ITO 电极。其制备过程如下：首先采用化学浴沉积的方法在 ITO 基底上制备出多孔片层结构的 CuO 薄膜，然后对其进行不同温度的热处理，并对比研究

不同热处理温度所得薄膜电极对葡萄糖的电催化能力。实验结果显示，未经热处理的 CuO/ITO 薄膜电极对葡萄糖没有电催化能力，经过 200℃、300℃、400℃热处理的薄膜电极对葡萄糖均有电催化性能，并且通过循环伏安和电阻抗测试表明经过 200℃热处理的 CuO/ITO 电极对葡萄糖的电催化性能最好，可应用于无酶葡萄糖传感器，并且具有高的灵敏度 [2272.63877μA/(mM·cm²)]，快的响应时间（少于 4s），低的工作电压（+0.35V），良好的线性范围（$2.0 \times 10^{-6} \sim 6.0 \times 10^{-4}$ mol/L）和优良的选择性。

4.3　中空方形纳米笼结构 CuO 薄膜及其对葡萄糖的电催化氧化研究

为了进一步提高 CuO 材料的表面积，中空纳米结构引起了人们越来越多的关注。该结构一般是通过溶剂或煅烧的方法去除粒子核心部分的物质[173,174]。在这里，我们先通过电沉积方法制备出具有方形结构的 Cu_2O 薄膜，再将其通过煅烧处理而氧化得到具有孔隙的中空方形纳米笼结构的 CuO 薄膜。该合成路线简单，所需设备价格便宜，并且据文献调查，该方法制备的中空方形纳米笼结构的 CuO 薄膜尚未报道，并且该薄膜还可应用到葡萄糖的检测中。

4.3.1　实验部分

4.3.1.1　试剂及仪器

（1）醋酸钠（CH_3COONa）：北京化工厂产品，分析纯；

（2）醋酸（CH_3COOH）：上海业联联合化工有限责任公司产品，分析纯；

（3）醋酸铜（$Cu(CH_3COO)_2$）：北京化工厂产品，分析纯；

（4）D-葡萄糖（$C_6H_{12}O_6$）：北京化工厂产品，分析纯；

（5）氢氧化钠（NaOH）：北京化工厂产品，分析纯；

（6）氯化钾（KCl）：北京化工厂产品，分析纯；

（7）抗坏血酸 AA（$C_6H_8O_6$）：北京化工厂产品，分析纯；

（8）尿酸 UA（$C_5H_4N_4O_3$）：北京化工厂产品，分析纯；

（9）多巴胺 DA（$C_8H_{11}NO_2$）：北京化工厂产品，分析纯；

（10）二次蒸馏水：实验室自制；

（11）电解池：自制；

（12）马弗炉；

（13）水浴锅；

（14）电化学工作站（CHI-630）：上海辰华仪器公司。

4.3.1.2 表征方法

（1）X 射线衍射（X-ray diffraction，XRD）测试采用 Rigaku D/max-Ⅲ B 型衍射仪，Cu K_α（$\lambda = 0.15406nm$）靶。通过对样品的衍射峰的位置和强度进行归一化后与标准粉末衍射 PDF 卡片 JCPDS（Joint Committee on Powder Diffraction Standards）进行比较可以获得样品的晶相，从而实现样品的定性分析。

（2）扫描电子显微镜（Scanning Electron Microscope，SEM）测试采用 HI-TACHI S-4800 型仪器进行样品形貌的分析。

4.3.1.3 中空方形纳米笼结构 CuO 薄膜的制备

第一步，采用电沉积方法在 ITO 基底上制备具有方形结构的 Cu_2O 薄膜，电沉积采用标准的三电极系统，工作电极为 ITO 基片，对电极为铂片，参比电极为 Ag/AgCl 电极。电解液为 0.1mol/L NaAc + 0.02mol/L Cu（Ac）$_2$ + 7.0mmol/L KCl，HAc 调节电解液 pH 为 5.5 左右，于常温下恒电位 - 0.2V 沉积 20min，沉积之后，用大量二次水冲洗薄膜，N_2 吹干即可备用。第二步，将制备好的 Cu_2O 薄膜进行 450℃ 热处理 2h，即可得到中空方形纳米笼结构 CuO 薄膜修饰 ITO 电极的样品。

4.3.1.4 中空方形纳米笼结构 CuO 薄膜修饰 ITO 电极的电化学性能测试

CuO/ITO 电极对葡萄糖电化学性能测试是在 CHI760 电化学工作站上进行的，电化学测试采用三电极体系，工作电极为自制的中空方形纳米笼结构

CuO/ITO 电极，对电极为铂片，参比电极为 Ag/AgCl 电极。循环伏安法
（CVs）和恒电位安培检测法研究该电极对葡萄糖的电催化性能，所需溶液
为 0.1mol/L NaOH 溶液。所有电化学性能测试均在室温下进行，所有的溶液
在实验前均需通入高纯度的氮气除氧15min以上，并在实验过程中仍维持氮
气气氛。

4.3.2　中空方形纳米笼结构 CuO 薄膜样品的表征

图 4-11 所示为电沉积制备薄膜样品和经过 450℃ 热处理所得薄膜的 XRD
谱图。其中，a 为电沉积所得薄膜样品，b 为经过 450℃ 热处理所得薄膜样
品，曲线 a 的 36.46°、42.40°、61.38° 衍射特征峰分别对应于 Cu_2O 的
（111）、（200）和（220）晶面（JCPDS file no.78-2076），可判断出电沉积
所得薄膜样品为 Cu_2O 薄膜。曲线 b 的 35.55°、38.73°、48.76°、53.41°衍
射特征峰分别对应于 CuO 的（002）、（111）、（$\overline{2}$02）和（020）晶面（JCP-
DS no.05-0661），可判断出经过 450℃ 热处理所得薄膜样品为 CuO 薄膜。

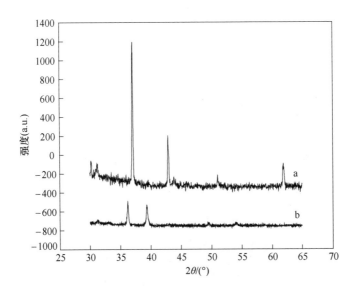

图 4-11　不同制备方法所得薄膜样品的 XRD 谱图

a—电沉积所得薄膜样品；b—经过 450℃ 热处理所得薄膜样品

图 4-12 所示为所制备的多种薄膜的 SEM 图片。其中，图 a 为电沉积制

图 4-12　多种薄膜样品的 SEM 图片

a—电沉积制备的 Cu_2O 薄膜；b—经过 450℃热处理所得的 CuO 薄膜（低分辨）；

c—经过 450℃热处理所得的 CuO 薄膜（高分辨）

备的 Cu_2O 薄膜，图 b 和 c 为经过 450℃ 热处理所得的 CuO 薄膜。图 c 为图 b 的放大图。从图 a 中可以看出，电沉积所得薄膜为方形结构且晶体表面光滑。图 b 中可以发现经过 450℃ 热处理所得的 CuO 薄膜为方形结构，基本保持了 Cu_2O 薄膜的结构，但晶体表面变得粗糙。从更高分辨率的图 c 中可以清晰地发现，每个方形结构是由许多纳米粒子聚集而成，使其表面有许多孔隙结构产生。该中空方形纳米笼结构 CuO 薄膜由于存在许多微孔，不仅可以提供更多的反应活性点，而且可以为离子和活性点之间提供更好的联系通道。

4.3.3 中空方形纳米笼结构 CuO 薄膜电极电催化葡萄糖性能的研究

我们考察了该中空方形纳米笼结构 CuO 薄膜修饰 ITO 电极对葡萄糖电催化性能的研究。图 4-13a 所示为该 CuO/ITO 电极上产生葡萄糖的氧化峰电流密度与浓度的循环伏安曲线。从图中可以看出，峰电流密度随着葡萄糖浓度的增加而增大，说明该电极对葡萄糖的浓度响应灵敏。图 4-13b 显示出峰电流密度与葡萄糖浓度的一次方成正比，说明葡萄糖氧化峰电流密度与葡萄糖浓度呈现出良好的线性关系，该电极可应用于葡萄糖的定量分析。

4.3.4 电分析应用

（1）最佳电位的选择。我们考察了中空方形纳米笼结构 CuO/ITO 电极的最佳工作电位。图 4-14 所示为该电极在不同工作电压下对连续加入 0.1mmol/L 的葡萄糖的稳态电流 – 时间的响应曲线。图中 a 为 0.35V，b 为 0.40V，c 为 0.45V，d 为 0.50V，e 为 0.55V（底液为 0.1mol/L NaOH）。从图中可以看出，响应电流密度随着工作电压从 0.35V 到 0.50V 的增加而明显增大（图 a~d），而当工作电压为 0.55V 时几乎没有响应电流的提高，为了使传感器有较好的灵敏度，选择 +0.50V 为最佳工作电位，该值比文献报道的一些 CuO 电极的最佳工作电位（例如：+0.55V[175]、+0.60V[176~178]）均负，说明该结构 CuO/ITO 电极对葡萄糖有较好的电催化活性，有利于无酶葡萄糖传感器的构建。

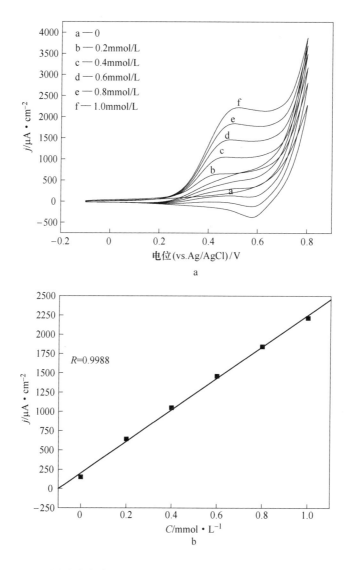

图 4-13　不同浓度葡萄糖在中空方形纳米笼结构 CuO/ITO 电极的循环
伏安曲线（a）和电极对葡萄糖的峰电流密度与葡萄糖浓度之间的
关系曲线（b）（扫速均为 50mV/s）

（2）恒电位安培法。图 4-15a 所示为中空方形纳米笼结构 CuO/ITO 电极对
不同浓度的葡萄糖的稳态电流 – 时间响应曲线（0.1mol/L NaOH 底液，工作电压
为 0.50V）。由图 4-15a 可知，该电极达到响应电流 95% 时所需要的时间为 3s
内，可见该电极对葡萄糖的响应比较灵敏。同时得到其校准曲线，如图 4-15b 所

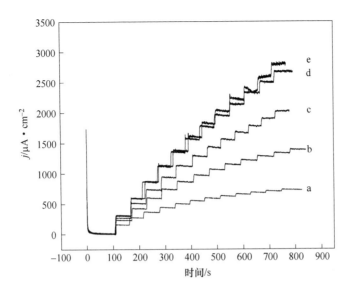

图 4-14 中空方形纳米笼结构 CuO/ITO 电极在不同工作电压下对连续加入

0.1mmol/L 的葡萄糖的稳态电流 – 时间的响应曲线 （底液为 0.1mol/L NaOH）

a—0.35V；b—0.40V；c—0.45V；d—0.50V；e—0.55V

示。由图 4-15b 可知，线性范围为 $2.0 \times 10^{-6} \sim 1.0 \times 10^{-3}$ mol/L，线性方程为 $Y =$ $63.83013 + 2117.44X$，可知该传感器的灵敏度为 $2117.44 \mu A/(mM \cdot cm^2)$，高于大多文献报道的 CuO 基电极的葡萄糖传感器的灵敏度[164,166,167,172,173,176~180]，说明中空方形纳米笼结构 CuO/ITO 电极可以成为一种构建无酶葡萄糖传感器的优良电极材料。

（3）该电极对葡萄糖选择性的测试。在实际的生物样本（例如，人的血液）中，测量葡萄糖通常有以下三种主要干扰物质，抗坏血酸（AA）、尿酸（UA）和多巴胺（DA）。我们考察了中空方形纳米笼结构 CuO/ITO 电极上分别检测了 0.01mmol/L 抗坏血酸（AA）、0.01mmol/L 尿酸（UA）和 0.01mmol/L 多巴胺（DA）这三种主要的干扰物质对 0.1mmol/L 葡萄糖的响应电流的影响（0.1mol/L NaOH 底液，工作电压为 0.50V），如图 4-16 所示。由图 4-16 可知，这三种主要干扰物的电流响应与葡萄糖的电流响应相比可以忽略不计，基本不影响对葡萄糖的监测，说明该中空方形纳米笼结构 CuO/ITO 电极具有良好的选择性。

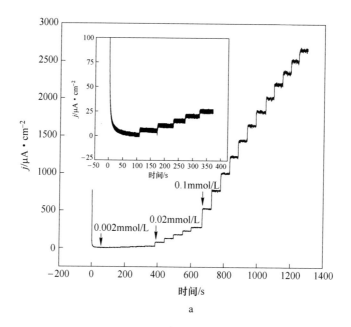

a

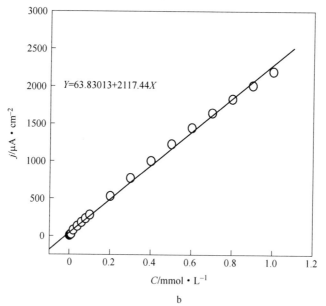

b

图 4-15　中空方形纳米笼结构 CuO/ITO 电极对连续加入不同浓度的葡萄糖的稳态
电流－时间响应曲线（a）（底液为 0.1mol/L NaOH，工作电压为 0.50V，
插图为加入 0.002mmol/L 葡萄糖响应曲线的放大图）和
不同浓度的葡萄糖稳态电流的校准曲线（b）

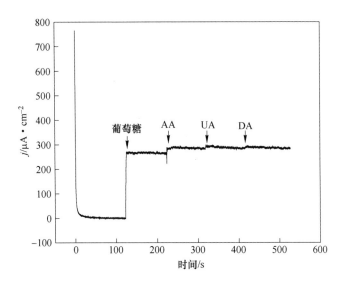

图 4-16　干扰物（0.01mmol/L AA、0.01mmol/L UA 和 0.01mmol/L DA）

对 0.1mmol/L 葡萄糖的稳态电流 – 时间响应曲线

（底液为 0.1mol/L NaOH，工作电压为 0.50V）

4.3.5　小结

本节通过一种简便的方法制备出中空方形纳米笼结构 CuO 薄膜修饰的
ITO 电极。首先，采用电沉积方法在 ITO 基底上制备具有方形结构的 Cu_2O
薄膜；其次，将制备好的 Cu_2O 薄膜进行 450℃ 热处理 2h，即可得到中空方
形纳米笼结构 CuO 薄膜修饰 ITO 电极。并且，考察了该电极对葡萄糖的电催
化性能，实验结果表明：该电极对葡萄糖具有较好的电催化性能，可应用于
无酶葡萄糖传感器，响应时间快（少于 3s），较低的工作电压（+0.50V），
并且具有高的灵敏度 [2117.44μA/（mM·cm^2）]、良好的线性范围（2.0×
10^{-6} ~ 1.0×10^{-3}mol/L）和优良的选择性。

参 考 文 献

[1] 陆天虹. 氢能时代和燃料电池［C］//中国第十二次全国电化学学术会议论文集. 上海, 2003: 106.

[2] Carrete L, Friedrich K A, Stimming U. Fuel cell: principles, types, and applications ［J］. Chemphyschem, 2000, 1: 162 ~ 193.

[3] 吕鸣祥. 化学电源［M］. 天津: 天津大学出版社, 1992.

[4] Feng Zheng. Phase Stability and Processing of Sr and Mg Doped Lanthanum Gallate ［D］. Washington: University of Washington, 2000.

[5] 张文保, 倪生麟. 化学电源导论［M］. 上海: 上海交通大学出版社, 1992: 192 ~ 229.

[6] 徐国宪, 章庆权. 新型化学电源［M］. 北京: 国防工业出版社, 1984: 286 ~ 294.

[7] 万丽娟, 高颖, 邬冰, 等. Eu 和 Ho 对乙醇在 $Pt - TiO_2/C$ 电极上氧化的助催化作用 ［J］. 物理化学学报, 2004, 20 (6): 616 ~ 620.

[8] 查全性. 燃料电池技术的发展与我国应有的对策［J］. 应用化学, 1993, 10 (5): 38.

[9] 陈延禧, 黄成德, 孙燕宝. 聚合物燃料电池的研究与开发［J］. 电池, 1999, 29 (6): 243 ~ 248.

[10] 衣宝廉. 质子交换膜燃料电池（PEMFC）—国内外状况与主要技术问题［J］. 电源技术, 1997, 21 (2): 80 ~ 82, 85.

[11] Pozio A, Giorgi L, Antolini E, et al. Electrooxidation of H_2 on Pt/C、Pt - Ru/C and Pt - Mo/C Anodes for Polymer Electrolyte Fuel Cell ［J］. Electrochimica Acta, 2000, 46: 555 ~ 561.

[12] McIntyre D R, Burstein G T, Vossen A. Effect of Carbon Monoxide on the Electrooxidation of Hydrogen by Tungsten Carbide ［J］. Journal of Power Sources, 2002, 107: 67 ~ 73.

[13] Jayaraman S, Hillier A C. Screening the Reactivity of Pt_xRu_y and $Pt_xRu_yMo_z$ Catalysts toward the Hydrogen Oxidation Reaction with the Scanning Electrochemical Microscope ［J］. J. Phys. Chem. B, 2003, 107: 5221 ~ 5230.

[14] 李建玲, 毛宗强. 直接甲醇燃料电池研究现状及主要问题［J］. 电池, 2001, 31 (1): 36 ~ 39.

[15] 田立朋, 李伟善. 直接甲醇燃料电池研究进展［J］. 现代化工, 1998, 5: 14 ~ 15.

［16］ Ren Xiaoming, Mahlon S. High performance direct methanol polymer electrolyte fuel cell ［J］. J. Electrochem. Soc. , 1996, 143: 12 ~ 15.

［17］ Pu Cong, Huang Wen hua, Kevin L L, et al. A methanol impermeable proton conducting composite electrolyte system ［J］. J. Electrochem. Soc. , 1995, 142 (7): 119 ~ 120.

［18］ Vincenzo T. Proton and methanol transport in poly (perfluorosulfonate) membranes containing Cs $^+$ and H $^+$ Cations ［J］. J. Electrochem. Soc. , 1998, 145 (11): 3798 ~ 3801.

［19］ Salinas C, Stanley F S, Oliver J M, et al. Membrane and electrode structure for methanol fuel cell ［P］. USP: 5958616, 1999 – 09 – 28.

［20］ Wainright J S, Wang J T, Weng D, et al. Acid-doped polybenzimidazole: A new polymer electrolyte ［J］. J. Electrochem. Soc. , 1995, 142 (7): 121 ~ 123.

［21］ Wang J T, Wainright J S, Savinell R F, et al. A direct methanol fuel cell using aciddoped polybenzimidazole as polymer electrolyte ［J］. J. Appl. Electrochem. , 1996, 26 (7): 751 ~ 756.

［22］ Peled E, Duvdevani T, Melman A. A novel proton-conducting membrane ［J］. Electrochemical and Solid-State Letters, 1998, 1 (5): 210 ~ 211.

［23］ Antonucci P L, Arico A S, Creti P, et al. Investigation of a direct methanol fuel cell based on a composite Nafion-Siliconelectrolyte for high temperature operation ［J］. Solid State Ionics, 1999, 125 (4): 431 ~ 437.

［24］ Biegler T, Koch D F A. Adsorption and oxidation of methanol on a platium electrode ［J］. J. Electrochem. Soc. , 1967, 114 (9): 904 ~ 909.

［25］ Koch D F A, Radnd D A J, Woods R. Binary electrocatalysts for organic chemistry ［J］. J. Electroanal. Chem. , 1976, 70 (1): 73 ~ 86.

［26］ Gotz M, Wedt H. Binary and ternary anode catalyst formulations including the elements W, Sn and Mo for PEMFCs operated on methanol or reformate gas ［J］. Eletrochimica Acta, 1998, 43 (24): 3637 ~ 3644.

［27］ 刘建国, 衣宝廉, 魏昭彬. 直接甲醇燃料电池的原理、进展和主要技术问题 ［J］. 电源技术, 2001, 25 (5): 363 ~ 366.

［28］ Sviatoslav A, Kirillova, Panagiotis E, et al. Adsorption and Oxidation of Methanol and Ethanol on the Surface of Metallic and Ceramic Catalysts ［J］. Journal of Molecular Structure, 2003, 651 ~ 653: 365 ~ 370.

［29］ Arenz M, Stamenkovic V, Schmidt T J, et al. CO Adsorption and Kinetics on Well-Characterized Pd Films on Pt (111) in Alkaline Solutions ［J］. Surface Science, 2002, 506:

287 ~ 296.

［30］ Lebedeva N P, Kryukova G N, Tsybulya S V, et al. Effects of Microstructure in Ethylene Glycol Oxidation on Graphite Supported Platinum Electrodes ［J］. Electrochimica Acta, 1998, 44: 1431 ~ 1440.

［31］ Ficicioglu F, Kadirgan F. Electrooxidation of Ethylene Glycol on a Platinum Doped Polyaniline Electrode ［J］. Journal of Electroanalytical Chemistry, 1998, 451: 95 ~ 99.

［32］ Lima R B de, Paganin V, Iwasita T, et al. On the Electrocatalysis of Ethylene Glycol Oxidation ［J］. Electrochimica Acta, 2003, 49: 85 ~ 91.

［33］ Pacheco Santos V, Tremiliosi-Filho G. Effect of Osmium Coverage on Platinum Single Crystals in the Ethanol Electrooxidation ［J］. Journal of Electroanalytical Chemistry, 2003, 554 ~ 555, 395 ~ 405.

［34］ Rightmire R A, Rowlank R L, Boos D L, et al. Ethyl Alcohol Oxidation at Platinum Electrodes ［J］. Journal of the Electrochemical Society, 1964, 111 (2): 242 ~ 247.

［35］ Theophilos Ioannides, Stylianos Neophytides. Efficiency of a Solid Polymer Fuel Cell Operating on Ethanol ［J］. Journal of Power Sources, 2000, 91: 150 ~ 156.

［36］ Per Liang She, Shi Bing Yao, Shao Min Zhou. Electrocatalytic Oxidation of Ethanol on Electrodeposited Palladium Electrode ［J］. Chinese Chemical Letters, 1999, 10 (5): 407 ~ 410.

［37］ Fujiwara N, Friedrich K A, Stimming U. Ethanol Oxidation on Pt Ru Electrodes Studied by Differential Electrochemical Mass Spectrometry ［J］. Journal of Electroanalytical Chemistry, 1999, 472: 120 ~ 125.

［38］ 陈国良, 孙世刚, 陈声培, 等. 乙醇在碳载 Pt 纳米薄膜电极上吸附氧化过程研究 I. 碱性介质中循环伏安和原位 FTIR 反射光谱 ［J］. 电化学, 2000, 6 (4): 406 ~ 410.

［39］ Hitm H, Belgsir E M, Leger J M, et al. A Kinetic Analysis of the Electro-oxidatin of Ethanol at A Platinum Electrode in Acid Medium ［J］. Electrochimica Acta, 1994, 39: 407 ~ 415.

［40］ Blake A R, Kuhn A T, Sunderland J F. The Low Potential Oxidation of Ethanol on Bright Platinum ［J］. J. Electrochem. Soc. , 1973, 120 (4): 492 ~ 497.

［41］ 曾跃, 于尚慈, 李则林, 等. 乙醇在 Ni – Mo 合金电极上氧化的动力学模型 ［J］. 物理化学学报, 2000, 16 (11): 1013 ~ 1020.

［42］ Iwasita T, Rasch B, Cattanel E, et al. A Sniftirs Study of Ethanol Oxidation on Platinum

[J]. J. Electrochim. Acta, 1989, 34 (8): 1073 ~ 1079.

[43] Delime F, Leager J M, Lamy C. Optimization of Platinum Dispersion in Pt PEM Electrodes: Application to the Electrooxidation of Ethanol [J]. J. Appl. Electrochem., 1998, 28: 27 ~ 35.

[44] Bewltowska-Brzeninska M, Luczak T, Holze R. Electrocatalytic Oxidation of Mono-and Polyhydric Alcohols on Gold and Platinum [J]. Journal of Applied Electrochemistry, 1997, 27: 999 ~ 1011.

[45] Eedenb B, Morin M C, Hahn F, et al. In Situ Analysis by Infrared Reflectance Spetroscopy of the Adsorbed Species Resulting from the Electrosorption of Ethanol on Platinum in Acid Medium [J]. J. Electroanal. Chem., 1987, 229: 353 ~ 366.

[46] Francisco J, et al. Performance of a Co-electrode Deposited Pt – Ru Electrode for the Electro-Oxidation of Ethanol Studied by In Situ FTIR Spectroscopy [J]. J. Electroanal. Chem., 1997, 420: 17 ~ 20.

[47] Wang Jiangtao, Wasmus S, Savinell R F. Evaluation of Ethanol, 1-propanol, and 2-propanol in a Direct Oxidaition Polymer Electrode Fuel Cell [J]. J. Electrochem. Soc., 1995, 142: 4218 ~ 4224.

[48] Tremiliosi-Filho G, Gonzalez E R, Motheo A J, et al. Electrooxidation of Ethanol on Gold: Analysis of the Reaction Products and Mechanism [J]. J. Electroanal. Chem., 1998, 444: 31 ~ 39.

[49] 朱科, 陈延禧, 张继炎. 直接乙醇燃料电池的研究现状及前景 [J]. 电源技术, 2004, 28 (3): 187 ~ 190.

[50] Hikita S, Yamane K, Nakajima Y. Influence of Cell Pressure and Amount of Electrode Catalyst in MEA on Methanol Crossover of Direct Methanol Fuel Cell [J]. JSAE, Review, 2002, 23: 133 ~ 135.

[51] Hammnett A. Mechanism and Electrocatalysis in the Direct Methanol Fuel Cell [J]. Catalysis Today, 1997, 38: 445 ~ 457.

[52] Prabhuram J, Manoharan R. Investigation of Methanol Oxidation on Unsupported Platinum Electrodes in Strong Alkali and Strong Acid [J]. J. of Power Sources, 1998, 74: 54 ~ 61.

[53] Kabbabi A, Faure R, Durand R, et al. In Situ Ftirs Study of the Electrocatalytic Oxidation of Carbon Monoxide and Methanol at Platinum-Ruthenium Bulk Alloy Electrodes [J]. J. Electroanal. Chem., 1998, 444: 41 ~ 53.

[54] Kardash D, Huang J, Korzeniewski C. Surface Electrochemistry of CO and Methanol at 25 ~ 75℃ Probed in Situ by Infrared Spectroscopy [J]. Langmuir, 2000, 16: 2019 ~ 2023.

[55] Munk J, Christensen P A, Hamnett A. The Electrochemical Oxidation of Methanol on Platinum and Platinum + Ruthenium Particulate Electrodes Studied by in Situ Ftir Spectroscopy and Electrochrmical Mass Spectrometry [J]. J. of Electroanal. Chem., 1996, 401: 215 ~ 222.

[56] Couto A, Rincon A, Perez M C, et al. Adsorption and Electrooxidation of Carbon Monoxide on Polycrystalline Platinum at pH 0. 3 ~ 13 [J]. Electrochimica Acta, 2001, 46: 1285 ~ 1296.

[57] Ana Lo'pez-Cudero, Angel Cuesta, Claudio Gutie'rrez. The Effect of Chloride on the Electrooxidation of Adsorbed CO on Polycrystalline Platinum Electrodes [J]. Journal of Electroanalytical Chemistry, 2003, 548: 109 ~ 119.

[58] Dawn Kardash, Carol Korzeniewski. Temperature Effects on Methanol Dissociative Chemisorption and Water Activation at Polycrystalline Platinum Electrodes [J]. Langmuir, 2000, 16: 8419 ~ 8425.

[59] Mathew M Maye, Yongbing Lou, Chuan jian Zhong. Core-Shell Gold Nanoparticle Assembly as Novel Electrocatalyst of CO Oxidation [J]. Langmuir, 2000, 16: 7520 ~ 7523.

[60] Lin W F, Jin J M, Christensen P A, et al. Structure and Reactivity of the Ru (001) Electrode towards Fuel Cell Electrocatalysis [J]. Electrochimica Acta, 2003, 48: 3815 ~ 3822.

[61] Boucher A C, Le Rhun V, Hahn F, et al. The CO-Adsorbate Electrooxidation on Ruthenium Cluster-Likematerials [J]. Journal of Electroanalytical Chemistry, 2003, 554 ~ 555: 379 ~ 384.

[62] Lin W F, Christensen P A, Hamnett A. In Situ Ftir Studies of the Effect of Temperature on the Adsorption and Electrooxidation of CO at the Ru (001) Electrode Surface [J]. J. Phys. Chem. B, 2000, 104: 12002 ~ 12011.

[63] Sungho Park, Yong Xie, Michael J Weaver. Electrocatalytic Pathways on Carbon-Supported Platinum Nanoparticles: Comparison of Particle-Size-Dependent Rates of Methanol, Formic Acid, and Formaldehyde Electrooxidation [J]. Langmuir, 2002, 18: 5792 ~ 5798.

[64] Li T J, Chang C C, Wen T C. A Mixture Design Approach to Thermally Prepared Ir – Pr – Au Ternary Electrodes for Oxygen Reduction in Alkaline Solution [J]. J. Appl. Electrochem,

1997，27：227～234.

[65] Souza J P I de，Queiroz S L，Bergamaski K，et al. Electro-oxidation of Ethanol on Pt，Rh，and PtRh Electrodes：A Study Using DEMS and In-Situ FTIR Techniques [J]. J. Phys. Chem. B，2002，106：9825～9830.

[66] Denis M C，Goueric P，Guay D，et al. Improvement of the High Energy Ball-Milling Preparation Procedure of CO Tolerant Pt and Ru Containing Catalysts for Polymer Electrolyte Fuel Cell [J]. J. Appl. Electrochem.，2000，30：1243～1253.

[67] Liu L，Pu C，Viswanathan R，et al. Carbon Supported and Unsupported Pt－Ru Anodes for Liquid Feed Direct Methanol Fuel Cells [J]. Electrochimica Acta，1998，43：3657～3663.

[68] Chu Derry，Sol Gilman. Methanol Electro-Oxidation on Unsupported Pt－Ru Alloys at Different Temperatures [J]. J. Electrochem. Soc.，1996，143（5）：1685～1690.

[69] Liu Renxuan，Eugene S S. Array Membrane Electrode Assemblies for High Throughput Screening of Direct Methanol Fuel Cell Anode Catalysts [J]. Journal of Electroanalytical Chemistry，2002，535（1～2）：49～55.

[70] Clare L，Green Anthony Kucernak. Determination of the Platinum and Ruthenium Surface Areas in Platinum-Ruthenium Electrocatalysts by Underpotential Deposition of Copper 2. Effect of Surface Composition on Activity [J]. J. Phys. Chem. B，2002，106：11446～11456.

[71] Joshua T Moore，James D Corn，Chu Deryn，et al. Synthesis and Characterization of A Pt_3Ru_1/Vulcan Carbon Powder Nanocomposite and Reactivity as a Methanol Electrooxidation Catalyst [J]. Chem. Mater.，2003，15：3320～3325.

[72] Lu C，Rice C，Masel R I，et al. UHV，Electrochemical NMR，and Electrochemical Studies of Platinum/Ruthenium Fuel Cell Catalysts [J]. J. Phys. Chem. B，2002，106：9581～9589.

[73] Remo Ianniello，Volkmar M Schmidt，et al. Electrochemical Surface Reactions of Intermediates Formed in the Oxidative Ethanol Adsorption on Porous Pt and PtRu [J]. Journal of Electroanalytical Chemistry，1999，471：167～179.

[74] Oetjen H F，Schmidt V M，Stimming U，et al. Performance Data of A Proton Exchange Membrane Fuel Cell Using H_2/CO as Fuel Gas [J]. J. Electrochem. Soc.，1996，143：3838.

[75] Divisek J，Oetjen H F，Peinecke V，et al. Components for PEM Fuel Cell Systems Suing

Hydrogen and CO Containing Fuels [J]. Electrochimica Acta, 1998, 43: 3811~3815.

[76] Schmidt V M, Brckerhoff P, Hlein H, et al. Utilization of Methanol for Polymer Electrolyte Fuel Cells in Mobil Systems [J]. Journal of Power Source, 1994, 49: 299~313.

[77] Shawn D Lin, Ting-Chou Hsiao. Morphology of Carbon Supported Pt − Ru Electrocatalyst and the CO Tolerance of Anodes for PEM Fuel Cells [J]. J. Phys. Chem. B, 1999, 103: 97~103.

[78] Mashiro Watanabe, Makoto Uchida, Satoshi Motoo. Preparation of Highly Dispersed Pt + Ru Alloy Clusters and the Activity for the Electrooxidation of Methanol [J]. J. Electroanal. Chem., 1987, 229: 395~406.

[79] Hristopher E Lee, Steven H Bergens. Deposition of Ru Adatoms on Pt Using Organometallic Chemistry: Catalysts for Electrooxidation of MeOH and Adsorbed Carbon Monoxide [J]. J. Phys. Chem. B, 1998, 102: 193~199.

[80] Lin W F, Zei M S, Eiswirth M, et al. Electrocatalytic Activity of Ru-Modified Pt (111) Electrodes Toward CO Oxidation [J]. J. Phys. Chem. B, 1999, 103: 6968~6977.

[81] Volkmar M Schmidt, Remo Ianniello Elena Pastor, Sergio Gonza'lez. Electrochemical Reactivity of Ethanol on Porous Pt and PtRu: Oxidation/Reduction Reactions in 1 mol/L HClO₄ [J]. J. Phys. Chem., 1996, 100: 17901~17908.

[82] Vladimir P Zhdanov, Bengt Kasemo. Simulation of CO Electrooxidation on Nm-Sized Supported Pt Particles: Stripping Voltammetry [J]. Chemical Physics Letters, 2003, 376: 220~225.

[83] Lin W F, Iwasita T, Vielstich W. Catalysis of CO Electrooxidation at Pt, Ru, and PtRu Alloy. An in Situ FTIR Study [J]. J. Phys. Chem. B, 1999, 103: 3250~3257.

[84] Ross P N, Kinoshita K, Scarpellino A J, et al. Electrocatalysis on Binary Alloys: Ⅱ. Oxidation of Molecular Hydrogen on Supported Pt + Ru Alloys [J]. J. Electroanal. Chem., 1975, 63: 97~110.

[85] Hubert A Gasteiger, Nenad M Markovic, Philip N Ross. H₂ and CO Electro-oxidation on Well-Characterized Pt, Ru, and Pt − Ru. 2. Rotating Disk Electrode Studies of CO/ H₂ Mixtures at 62℃ [J]. J. Phys. Chem., 1995, 99: 16757~16767.

[86] Hubert A Gasteiger, Nenad M Markovic, Philip N Poss. H₂ and CO Electro-oxidation on Well-characterized Pt, Ru, and PtRu. 1. Rotating Disk Electrode Studies of the Pure Gases Including Temperature Effects [J]. J. Phys. Chem., 1995, 99: 8290~8301.

[87] Hubert A Gasteiger, Nenad M Markovic, Philip N Poss, et al. CO Electro-Oxidation On

Well-Characterized PtRu Alloys [J]. J. Phys. Chem. , 1994, 98: 617~625.

[88] Morimoto, Ernest B Yeager. CO Oxidation on Smooth and High Area Pt, Pt – Ru and Pt – Sn Electrodes [J]. J. Electroanal. Chem. , 1998, 441: 77~81.

[89] Koper M T M, Lukkien J, Jansen A P J, et al. Lattice Gas Model for CO Electrooxidation on Pt – Ru Bimetallic Surfaces [J]. J. Phys. Chem. B, 1999, 103: 5522~5529.

[90] Lu G Q, Waszczuk P, Wieckowski A. Oxidation of CO Adsorbed from CO Saturated Solutions on the Pt (111) /Ru Electrode [J]. Journal of Electroanalytical Chemistry, 2002, 532: 49~55.

[91] 张兵, 钟起玲, 章磊, 等. 乙醇电氧化的研究进展 [J]. 江西化工, 2003, 2: 16~20.

[92] Ermete Antolini. Formation of Carbon-Supported PtM Alloys for Low Temperature Fuel Cells: a Review [J]. Materials Chemistry and Physics, 2003, 78 (3): 563~573.

[93] Mar'ya J Gonzalez, Christopher H Peters, Mark S Wrighton. Pt – Sn Microfabricated Surfaces as Catalysts for Organic Electro-Oxidation [J]. J. Phys. Chem. B, 2001, 105: 5470~5476.

[94] Joshua T Moore, Chu Deryn, Jiang Rongzhong, et al. Synthesis and Characterization of Os and Pt – Os/Carbon Nanocomposites and their Relative Performance as Methanol Electrooxidation Catalysts [J]. Chem. Mater. , 2003, 15: 1119~1124.

[95] Lee S J, Mukerjee S, Ticianelli E A, et al. Electrocatalysis of CO Tolerance in Hydrogen Oxidation Reaction in PEM Fuel Cells [J]. Electrochimica Acta, 1999, 44: 3283~3293.

[96] 李文震, 周卫江, 等. 直接甲醇燃料电池阴极用 Pt – Fe 电催化剂 [C] //第11届全国催化学术会议论文集. 杭州, 2002: 1323~1324.

[97] Grgur B N, Zhuang G, Markovic N M, et al. Electrooxidation of H_2/CO mixtures on a Well-Characterized $Pt_{75}Mo_{25}$ Alloy Surface [J]. J. Phys. Chem. B, 1997, 101: 3910~3913.

[98] Grgur B N, Markovic N M, Ross P N. Electrooxidation of H_2, CO, and H_2/CO Mixtures on a Well-Characterized $Pt_{70}Mo_{30}$ Bulk Alloy Electrode [J]. J. Phys. Chem. B, 1998, 102: 2494~2501.

[99] Grgur B N, Markovic N M, Ross P N. The Electrooxidation of H_2 and H_2/CO Mixtures on Carbon-Supported Pt_xMo_y Alloy Catalysts [J]. J. Electrochem. Soc. , 1999, 1461: 1613.

[100] Mukerjee S, Lee S J, Ticianelli E A, et al. Investigation of Enhanced CO Tolerance in Proton Exchange Membrane Fuel Cells by Carbon Supported PtMo Alloy Catalyst [J]. Electrochemical and Solid State Letters, 1999, 2: 12.

[101] Brian E, Hayden. The Promotion of CO Electrooxidation on Platinum bismuth as a Model for Surface Mediated Oxygen Transfer [J]. Catalysis Today, 1997, 38: 473~481.

[102] McKee D W, Pak M S. Electrocatalysts for Hydrogen/Carbon Monoxide Fuel Cell Anodes: Ⅳ. Platinum-Nickel Combinations [J]. J. Electrochem. Soc., 1969, 116: 516.

[103] Grgur B N, Markovic N M, Ross P N. Electrooxidation of H_2, CO, and $H_2/$ CO Mixtures on a Well-Characterized Pt_2Re Bulk Alloy Electrode and Comparison With Other Pt Binary Alloys [J]. Electrochimica Acta, 1998, 43: 3631~3635.

[104] Ley K L, Liu R, Pu C, et al. Methanol Oxidation on Single-Phase Pt – Ru – Os Ternary Alloys [J]. J. Electrochem. Soc., 1997, 144 (5): 1543~1548.

[105] Lima A C, Coutancea U, Leger J M, et al. Investigation of Ternary Catalysts for Methanol Fuel Cell Electrooxidation [J]. J. Appl. Electrochem., 2001, 31: 379~386.

[106] Norskov, Jens Kehlet, et al. Anode Catalyst Materials for us in Fuel Cells [J]. USP Application, 2002, 1: 46614.

[107] Erik Reddington, Anthony Sapienza, Bogdan Gurau, et al. Combinatorial Electrochemistry: A Highly Parallel, Optical Screening Method for Discovery of Better [J]. Electrocatalysts Science, 1998, 280: 1735~1737.

[108] Lamy C, Lima A, Lerhun V, et al. Recent Advances in the Development of Direct Alcohol Fuel Cells [J]. J. Power Sources, 2002, 105: 283~296.

[109] Melissa F Mrozek, Hai Luo, Michael J Weaver. Formic Acid Electrooxidation on Platinum-Group Metals: Is Adsorbed Carbon Monoxide Solely a Catalytic Poison? [J] Langmuir, 2000, 16: 8463~8469.

[110] Schmidt T J, Behm R J, Grgur B N, et al. Formic Acid Oxidation on Pure and Bi-Modified Pt (111): Temperature Effects [J]. Langmuir, 2000, 16: 8159~8166.

[111] Schmidt T J, Grgur B N, Markovic N M, et al. Oscillatory Behavior in the Electrochemical Oxidation of Formic Acid on Pt (100): Rotation and Temperature Effects [J]. Journal of Electroanalytical Chemistry, 2001, 500: 36~43.

[112] Mendez E, Rodrýguez J L, Arevalo M C, et al. Comparative Study of Ethanol and Acetaldehyde Reactivities on Rhodium Electrodes in Acidic Media [J]. Langmuir, 2002,

18: 763 ~ 772.

[113] Shinya Kishioka, Shunsuke Ohki, Takeo Ohsaka, et al. Reaction Mechanism and Kinetics of Alcohol Oxidation at Nitroxyl Radical Modified Electrodes [J]. Journal of Electroanalytical Chemistry, 1998, 452: 179 ~ 186.

[114] Tripkovic A V, Popovic K Dj, Lovic J D. The Influence of the Oxygen-Containing Species on the Electrooxidation of the C_1—C_4 Alcohols at Some Platinum Single Crystal Surfaces in Aalkaline Solution [J]. Electrochimica Acta, 2001, 46: 3163 ~ 3173.

[115] Alonso C, Gonzalez-Velasco J. Study of the Electrooxidation of 1, 2-Propanediol on an Au Electrode in Basic Medium [J]. J. Electroanal. Chem., 1988, 248: 193 ~ 208.

[116] Soledad Ureta-Zafiaml M, Claudia Yanez, Maritza Pfiez, et al. Electrocatalytic oxidation of ethylene glycol in 0. 5mol/L H_2SO_4 and 0. 5mol/L NaOH Solutions at a Bimetallic Deposited Electrode [J]. Journal of Electroanalytical Chemistry, 1996, 405: 159 ~ 167.

[117] El-Shafei A A, Abd El-Maksoud S A, Fouda A S. Noble-Metal-Modified Glassy Carbon Electrodes for Ethylene Glycol Oxidation in Alkaline medium [J]. Journal of Electroanalytical Chemistry, 1995, 395: 181 ~ 187.

[118] Innocenzo G Casella. Electrocatalytic Oxidation of Oxalic Acid on Palladium-Based Modified Glassy Carbon Electrode in Acidic Medium [J]. Electrochimica Acta, 1999, 44: 3353 ~ 3360.

[119] 侯中军, 俞红梅, 衣宝廉, 等. 质子交换膜燃料电池阳极抗 CO 催化剂的研究进展 [J]. 电化学, 2000, 6 (4): 379 ~ 387.

[120] Herero E, Franaszezuk K, Wiecskowski A. A voltammetric identification of the surface redox couple effective in methanol oxidation on a ruthenium-covered platinum (110) electrode [J]. J. of Electroanal. Chem., 1993, 361: 269 ~ 273.

[121] 周卫江, 周振华, 李文震, 等. 直接甲醇燃料电池阳极催化剂研究进展 [J]. 化学通报, 2003, 4: 228 ~ 234.

[122] An L, Zhao T S, Shen S Y, et al. Alkaline direct oxidation fuel cell with non-platinum catalysts capable of converting glucose to electricity at high power output [J]. Journal of Power Sources, 2011, 196 (1): 186 ~ 190.

[123] 陈翠莲, 魏小兰, 沈培康. 葡萄糖在纳米 Pt/C 电极上的电催化氧化 [J]. 电化学, 2006, 12 (1): 20 ~ 24.

[124] Tsiropoulos I, Cok B, Patel M K. Energy and greenhouse gas assessment of European glucose production from corn-a multiple allocation approach for a key ingredient of the bio-

based economy [J]. Journal of Cleaner Production, 2013, 43 (3): 182~190.

[125] Basu D, Basu S. Performance studies of Pd–Pt and Pt–Pd–Au catalyst for electro-oxidation of glucose in direct glucose fuel cell [J]. Fuel & Energy Abstracts, 2012, 37 (5): 4678~4684.

[126] Xiao F, Zhao F, Mei D, et al. Nonenzymatic glucose sensor based on ultrasonic-electro-deposition of bimetallic Pt M (M = Ru, Pd and Au) nanoparticles on carbon nanotubes-ionic liquid composite film [J]. Biosensors & Bioelectronics, 2009, 24 (12): 3481~3486.

[127] Jin C C, Chen Z D. Electrocatalytic oxidation of glucose on gold-platinum nanocomposite electrodes and platinum-modified gold electrodes [J]. Synthetic Metals, 2007, 157: 592~596.

[128] Sun Y P, Buck H, Mallouk T E. Combinatorial discovery of alloy electrocatalysts for amperometric glucose sensors [J]. Analytical Chemistry, 2001, 73: 1559~1604.

[129] Cui H F, Ye J S, Liu X, et al. Pt–Pb alloy nanoparticle/carbon nanotube nanocomposite: a strong electrocatalyst for glucose oxidation [J]. Nanotechnology, 2006, 17: 2334~2339.

[130] Basu D, Basu S. Performance studies of Pd–Pt and Pt–Pd–Au catalyst for electro-oxidation of glucose in direct glucose fuel cell [J]. Fuel & Energy Abstracts, 2012, 37 (5): 4678~4684.

[131] Chen J, Zhao C X, Zhi M M, et al. Alkaline direct oxidation glucose fuel cell system using silver/nickel foams as electrodes [J]. Electrochimica Acta, 2012, 66 (13): 133~138.

[132] Basu D, Sood S, Basu S. Performance comparison of Pt–Au/C and Pt–Bi/C anode catalysts in batch and continuous direct glucose alkaline fuel cell [J]. Chemical Engineering Journal, 2013, 228 (14): 867~870.

[133] 王振波, 左朋建, 王广进, 等. Pt–Ru–W/C 催化剂对乙醇电催化氧化研究 [J]. 电源技术, 2009, 33 (1): 10~13.

[134] Neto A O, Franco E G, Arico E. Electro-oxidation of methanol and ethanol on Pt–Ru/C and Pt–Ru–Mo/C electrocatalysts prepared by Bönnemann's method [J]. Journal of the European Ceramic Society, 2003, 23 (15): 2987~2992.

[135] Zhang B, He Y, Liu B, et al. Nickel-functionalized reduced graphene oxide with polyaniline for non-enzymatic glucose sensing [J]. Microchim. Acta, 2015, 182: 625~631.

[136] Choi T, Kim S H, Lee C W, et al. Synthesis of carbon nanotube-nickel nanocomposites using atomic layer deposition for high-performance non-enzymatic glucose sensing [J]. Biosens Bioelectron, 2015, 63: 325 ~ 330.

[137] Liu L, Chen Y, Lv H, et al. Construction of a non-enzymatic glucose sensor based on copper nanoparticles/poly (o-phenylenediamine) nanocomposites [J]. J. Solid State Electrochem. , 2015, 19: 731 ~ 738.

[138] Salazar P, Rico V, Rodríguez-Amaro R, et al. New copper wide range nanosensor electrode prepared by physical vapor deposition at oblique angles for the non-enzimatic determination of glucose [J]. Electrochim. Acta, 2015, 169: 195 ~ 201.

[139] Cao H, Yang A, Li H, et al. A non-enzymatic glucose sensing based on hollow cuprous oxide nanospheres in a Nafion matrix [J]. Sens, Actuators B, 2015, 214: 169 ~ 173.

[140] Zhang J, Ma J, Zhang S, et al. A highly sensitive nonenzymatic glucose sensor based on CuO nanoparticles decorated carbon spheres [J]. Sens. Actuators B, 2015, 211: 385 ~ 391.

[141] Fan Y, Yang X, Cao Z, et al. Synthesis of mesoporous CuO microspheres with core-in-hollow-shell structure and its application for non-enzymatic sensing of glucose [J]. J. Appl. Electrochem. , 2015, 45: 131 ~ 138.

[142] Xu Q, Zhao Y, Xu J Z. Preparation of functionalized copper nanoparticles and fabrication of a glucose sensor [J]. Sensor Actuat B, 2006, 114: 379 ~ 386.

[143] Zhao J, Wang F, Yu J. Electro-oxidation of glucose at self-assembled monolayers incorporated by copper particles [J]. Talanta, 2006, 70: 449 ~ 454.

[144] You T, Niwa O, Tomita M. Characterization and electrochemical properties of highly dispersed copper oxide/hydroxide nanoparticles in graphite-like carbon films prepared by RF sputtering method [J]. Electrochem. Commun. , 2002, 4: 468 ~ 471.

[145] Zhuang Z, Su X, Yuan H. An improved sensitivity non-enzymatic glucose sensor based on a CuO nanowire modified Cu electrode [J]. Analyst, 2008, 133: 126 ~ 132.

[146] Reitz E, Jia W, Gentile M. CuO Nanospheres Based Nonenzymatic Glucose Sensor [J]. Electroanal, 2008, 22: 2482 ~ 2486.

[147] Jiang L C, Zhang W D. A highly sensitive nonenzymatic glucose sensor based on CuO nanoparticles-modified carbon nanotube electrode [J]. Biosens Bioelectron, 2010, 25: 1402 ~ 1407.

[148] Dung N Q, Patil D, Jung H, et al. NiO-decorated single-walled carbon nanotubes for

high-performance nonenzymatic glucose sensing [J]. Sensor. Actuat. B, 2013, 183: 381~387.

[149] Huo D, Li Q, Zhang Y, et al. A highly efficient organophosphorus pesticides sensor based on CuO nanowires-SWNTs hybrid nanocomposite [J]. Sensor. Actuat. B, 2014, 199: 410~417.

[150] Fan Y, Yang X, Cao Z, et al. Synthesis of mesoporous CuO microspheres with core-in-hollow-shell structure and its application for non-enzymatic sensing of glucose [J]. J. Appl. Electrochem., 2015, 45: 131~138.

[151] Lei J, Liu Y, Wang X, et al. Au/CuO nanosheets composite for glucose sensor and CO oxidation [J]. RSC Adv., 2015, 5: 9130~9137.

[152] Lu N, Shao C, Li X, et al. CuO/Cu$_2$O nanofibers as electrode materials for non-enzymatic glucose sensors with improved sensitivity [J]. RSC Adv., 2014, 4: 31056~31061.

[153] Cai B, Zhou Y, Zhao M, et al. Synthesis of ZnO – CuO porous core-shell spheres and their application for non-enzymatic glucose sensor [J]. Appl. Phys. A, 2015, 118: 989~996.

[154] Ni P, Sun Y, Shi Y, et al. Facile fabrication of CuO nanowire modified Cu electrode for non-enzymatic glucose detection with enhanced sensitivity [J]. RSC Adv., 2014, 4: 28842~28847.

[155] Li K, Fan G, Yang L, et al. Novel ultrasensitive non-enzymatic glucose sensors based on controlled flower-like CuO hierarchical films [J]. Sensor. Actuat. B, 2014, 199: 175~182.

[156] Fan Z, Liu B, Li Z, et al. One-pot hydrothermal synthesis of CuO with tunable morphologies on Ni foam as a hybrid electrode for sensing glucose [J]. RSC Adv., 2014, 4: 23319~23326.

[157] Zheng B, Liu G, Yao A, et al. A sensitive AgNPs/CuO nanofibers non-enzymatic glucose sensor based on electrospinning technology [J]. Sensor. Actuat. B, 2014, 195: 431~438.

[158] D'Eramo F, Marioli J M, Arévalo A H. Optimization of the electrodeposition of copper on poly-1-naphthyl-amine for the amperometric detection of carbohydrates in HPLC [J]. Talanta, 2003, 61: 341~352.

[159] Zhang L, Li H, Ni Y. Porous cuprous oxide microcubes for non-enzymatic amperometric

hydrogen peroxide and glucose sensing [J]. Electrochem. Commun. , 2009, 11: 812~815.

[160] Liu H Y, Su X D, Tian X F. Preparation and electrocatalytic performance of functionalized copper-based nanoparticles supported on the gold surface [J]. Electroanal, 2006, 18: 2055~2060.

[161] Wang X, Hu C G, Liu H, et al. Synthesis of CuO nanostructures and their application for nonenzymatic glucose sensing [J]. Sens. Actuators B, 2010 (144): 220~225.

[162] Huang T K, Lin K W, Tung S P, et al. Glucose sensing by electrochemically grown copper nanobelt electrode [J]. J. Electroanal. Chem. , 2009 (636): 123~127.

[163] Zhang X J, Gu A X, Wang G F, et al. Fabrication of CuO nanowalls on Cu substrate for a high performance enzyme-free glucose sensor [J]. Cryst. Eng. Common. , 2010 (12): 1120~1126.

[164] Liu G, Zheng B, Jiang Y, et al. Improvement of sensitive CuO NFs-ITO nonenzymatic glucose sensor based on in situ electrospun fiber [J]. Talanta, 2012 (101): 24~31.

[165] Bayansal F, Kahraman S, Çankaya G, et al. Growth of homogenous CuO nano-structured thin films [J]. Journal of Alloys and Compounds, 2011 (509): 2094~2098.

[166] Ibupoto Z H, Khun K, Beni V, et al. Synthesis of novel CuO nanosheets and their non-enzymatic glucose sensing applications [J]. Sensors, 2013 (13): 7926~7938.

[167] Fan Z, Liu B, Li Z, et al. One-pot hydrothermal synthesis of CuO with tunable morphologies on Ni foam as a hybrid electrode for sensing glucose [J]. RSC Adv. , 2014, 4: 23319~23326.

[168] Reitz E, Jia W Z, Gentile M, et al. CuO nanospheres based nonenzymatic glucose sensor [J]. Electroanalysis, 2008 (20): 2482~2486.

[169] Wang X, Hu C G, Liu H, et al. Synthesis of CuO nanostructures and their application for nonenzymatic glucose sensing [J]. Sens. Actuators B, 2010 (144): 220~225.

[170] Meher S K, Rao G R. Archetypal sandwich-structured CuO for high performance non-enzymatic sensing of glucose [J]. Nanoscale, 2013, 5: 2089~2099.

[171] Li K, Fan G, Yang L, et al. Novel ultrasensitive non-enzymatic glucose sensors based on controlled flower-like CuO hierarchical films [J]. Sens. Actuators B, 2014, 199: 175~182.

[172] Ni P, Sun Y, Shi Y, et al. Facile fabrication of CuO nanowire modified Cu electrode for non-enzymatic glucose detection with enhanced sensitivity [J]. RSC Adv. , 2014, 4:

28842 ~ 28847.

[173] Park J J C, Kim J, Kwon H, et al. Gram-scale synthesis of Cu_2O nanocubes and subsequent oxidation to CuO hollow nanostructures for lithium-ion battery anode materials [J]. Adv. Mater. , 2009, 40: 803 ~ 807.

[174] Sun F, Jiang H, Zhu R, et al. Fabrication of Novel CuO Films with Nanoparticles-aggregated Sphere-like Clusters on ITO and their non-enzymatic glucose sensing applications [J]. Nano, 2017, 12: 1750015.

[175] Zhang Y, Liu Y, Su L, et al. CuO nanowires based sensitive and selective non-enzymatic glucose detection [J]. Sensor. Actuat. B-Chem. , 2014, 191: 86 ~ 93.

[176] Xu D, Zhu C, Meng X, et al. Design and fabrication of Ag – CuO nanoparticles on reduced graphene oxide for nonenzymatic detection of glucose [J]. Sensor. Actuat. B-Chem. , 2018, 265: 435 ~ 442.

[177] Lu N, Shao C, Li X, et al. CuO/Cu_2O nanofibers as electrode materials for non-enzymatic glucose sensors with improved sensitivity [J]. RSC Adv. , 2014, 4 (59): 31056 ~ 31061.

[178] Reitz E, Jia W, Gentile M, et al. CuO Nanospheres Based Nonenzymatic Glucose Sensor [J]. Electroanal. , 2010, 20 (22): 2482 ~ 2486.

[179] Huang J F, Zhu Y H, Yang X L, et al. Flexible 3D porous CuO nanowire arrays for enzymeless glucose sensing: in situ engineered versus ex situ piled [J]. Nanoscale, 2015, 7: 559 ~ 569.

[180] Huang F, Zhong Y, Chen J, et al. Nonenzymatic glucose sensor based on three different CuO nanomaterials [J]. Anal. Methods, 2013, 5 (12): 3050 ~ 3055.